Exercise book for Astronomy-Space Test

天文宇宙検定

公式問題集
—— 星博士ジュニア ——

天文宇宙検定委員会 編

4級
2020〜2021年

恒星社厚生閣

天文宇宙検定 とは

　科学は本来楽しいものです。楽しさは、意外性、物語性、関係性、歴史性、予言力、洞察力、発展性などが、具体的なものを通じて語られる必要があります。そして何よりも、それを伝える人が楽しまなければなりません。人と人が接し合って伝え合うことの大切さを見直してみる必要があるでしょう。

　宇宙とか天文は、科学をけん引していく重要な分野です。天文宇宙検定は、単に知識の有無を検定するのではなく、「楽しく」、「広がりを持つ」、「考えることを通じて何らかの行動を起こすきっかけをつくる」検定でありたいと願っています。

　個人の楽しみだけに閉じず、多くの市民に広がり、生きた科学に生身で接する検定を目指しておりますので、みなさまのご支援をよろしくお願いいたします。

総合研究大学院大学名誉教授

池内　了

天文宇宙検定4級問題集について

本書は第2回（2012年実施）〜第9回（2019年実施）の天文宇宙検定4級試験に出題された過去問題と、予想問題を掲載しています。

・本書の章立ては公式テキストに準じた構成になっています。
・2ページ（見開き）ごとに問題、正解・解説を掲載しました。
・過去問題の正答率は、解説の右下にあります。

天文宇宙検定4級は、公式テキストと公式問題集をしっかり勉強していただければ、天文宇宙検定にチャレンジできるとともに、天文宇宙の世界を愉しんでいただくことができます。

天文宇宙検定　受験要項

受験資格　　天文学を愛する方すべて。2級からの受験も可能です。年齢など制限はございません。
※ただし、1級は2級合格者のみが受験可能です。

出題レベル　**1級 天文宇宙博士（上級）**
理工系大学で学ぶ程度の天文学知識を基本とし、天文関連時事問題や天文関連の教養力を試したい方を対象。

2級 銀河博士（中級）
高校生が学ぶ程度の天文学知識を基本とし、天文学の歴史や時事問題等を学びたい方を対象。

3級 星空博士（初級）
中学生が学ぶ程度の天文学知識を基本とし、星座や暦などの教養を身につけたい方を対象。

4級 星博士ジュニア（入門）
小学生が学ぶ程度の天文学知識を基本とし、天体観測や宇宙についての基礎的知識を得たい方を対象。

問題数　　　1級／40問　2級／60問　3級／60問　4級／40問

問題形式　　マークシート4者択一方式　　　試験時間　　50分

合格基準　　1級・2級／100点満点中70点以上で合格
3級・4級／100点満点中60点以上で合格
※ただし、1級試験で60〜69点の方は準1級と認定します。

試験の詳細につきましては、下記ホームページにてご案内しております。

http://www.astro-test.org/

天文宇宙検定公式問題集4級 2020〜2021年版 正誤表

本書の記述に誤りがございました。お詫びして訂正いたします。

頁	箇所	誤	正
19	A16 3行目	…確率は**1億年**に1度**くらい**と…	…確率は**100億年**に1度**以下**と…
65	A5 8行目	…ガリレオ・**ガリレオ**…	…ガリレオ・**ガリレイ**…
93	Q23 図		

Exercise book for Astronomy·Space Test

天文宇宙検定

CONTENTS

0 章

EXERCISE BOOK FOR ASTRONOMY-SPACE TEST

宇宙にのりだそう

Q 1

地球から月まで、光の速さで行くとどれぐらいの時間がかかるか。

① 約1.3秒

② 約8分

③ 約40分

④ 約4.3年

Q 2

宇宙での距離を表す単位「光年」とは何か。

① 光の速さで1年かけて進む距離

② 太陽と地球の間の平均距離

③ 太陽の半径

④ 30兆8600億 k m のこと

Q 3

太陽の表面から出た光は地球に届くまでどれくらいかかるか。

① 約80秒

② 約160秒

③ 約500秒

④ 約1000秒

Q4
日本での太陽の見かけの動きで、正しいものはどれか。

① 東 → 南 → 西
② 東 → 北 → 西
③ 西 → 南 → 東
④ 南 → 西 → 東

Q5
南半球に位置するオーストラリアのシドニーでは、太陽はどのような通り道になるのだろうか。

① 東 → 南 → 西
② 西 → 南 → 東
③ 東 → 北 → 西
④ 西 → 北 → 東

Q6
地球は北極と南極を通る直線を軸にして1日1回転している。これを何というか。

① 公転
② 自転
③ 反転
④ 側転

① 約1.3秒

　光は1秒間に約30万ｋｍ進む。月までの平均距離は約38万ｋｍなので1秒ちょっとで着くことになる。その光の速さだと、太陽までは約8分、木星までは約40分だが、もっとも近い恒星であるケンタウルス座のアルファ星までは4.3年もかかる。このように恒星までは遠いので、宇宙での距離をはかるときは、光が1年かかって進む距離を1とする「光年」という長さの単位を使うことが多い。

第4回正答率 76.3%

① 光の速さで1年かけて進む距離

　「光年」とは、光の速さで1年間に進むことのできる距離。約9兆4600億ｋｍ。②、③、④も天文の距離を表す単位に関係している。②は「天文単位」といい、約1億5000万ｋｍ。③は、そのまま「太陽半径」といい、約69万6000ｋｍ。④は「パーセク」という単位に関係する。1パーセクが、約30兆8600億ｋｍ。

③ 約500秒

　光は1秒間に約30万ｋｍ進む。これを使って太陽から地球まで光が届く時間を求めると、太陽までの距離は平均して約1億5000万ｋｍなので、

　　1億5000万ｋｍ ÷ 30万ｋｍ／秒 ＝ 500秒

と求めることができる。

　　1分は60秒なので、500（秒）÷ 60（秒）＝ 8.3…分

つまり、太陽表面からの光は、地球に届くまで約8分かかる。

第9回正答率 55.6%

① 東 → 南 → 西

日本では太陽は、東のほうからのぼり、南の空で高くなり、西のほうへとしずむ。季節によって、のぼる方角、南の空での高さ、しずむ方角は、かなり変化する。一方、南半球の南回帰線よりも南では、②のように太陽は必ず北の空にのぼっていく。南回帰線は、冬至の日の正午に太陽が真上にくる場所で、南緯23.4°である。一方、北回帰線は、夏至の日の正午に太陽が真上にくる場所で、北緯23.4°だ。ちなみに赤道は緯度が0°で、春分の日と秋分の日の正午に太陽が真上にくる。

③ 東 → 北 → 西

南半球では、太陽は東のほうからのぼり北の空を通って西のほうへしずむ。ちなみに、日本では夏至のころは日が長くなるが、オーストラリアのシドニーでは日が短くなる。また、日本とは季節が逆になる。そのため、クリスマスの日、北半球の日本やヨーロッパでは真冬だが、オーストラリアでは真夏である

※ 南半球でも、南回帰線（南緯23度26分）と赤道の間の場所では、天頂より南側を太陽が通ることがある。

② 自転

天体自身が回転することを自転といい、地球の自転の回転軸を地軸という。地球は約24時間かけて1回転している。より正確には23時間56分である。

Q7

地球は1日に1回（360°）自転する。1時間ではどのくらい自転するか。

① 15°
② 24°
③ 30°
④ 60°

Q8

地球の自転について、まちがっているものはどれか。

① 地球は北極と南極を軸として24時間で1回転している
② 地球は北極と南極を軸として東から西に回っている
③ 太陽が動いているように見えるのは、地球の自転が原因である
④ 地球の自転の回転軸を地軸という

Q9

恒星の説明として、まちがっているものはどれか。

① 他の星に照らされ光り輝く
② 夜空で星座を形づくる
③ 気体（ガス）の集まりである
④ 主に水素とヘリウムからできている

Q
10

地球はどの天体の種類にあてはまるか。

① 恒星
② 惑星
③ 準惑星
④ 小惑星

Q
11

小惑星探査機「はやぶさ2」が着地した小惑星はどれか。

① リュウグウ
② イトカワ
③ ベンヌ
④ かぐや姫

Q
12

ほうき星とも呼ばれるものはどれか。

① 恒星
② 惑星
③ 彗星
④ 流星

 ① 15°

地球は北極と南極を軸にして1日に1回転、西から東に回っている。これを自転という。1日（24時間）に1回転（360°）しているから、

　　360°÷24＝15°となる。

つまり、地球は1時間に15°の速度で自転していることになる。地球が自転することで、地上にいる私たちからは、昼間の太陽や夜空の星ぼしが動いているように見える。実際には星が動いているのではなく、地球の方が動いているのだ。

第9回正答率 84.7%

 ② 地球は北極と南極を軸として東から西に回っている

地球は北極と南極を軸として西から東に回っている。このため、地球の上にいる私たちからは、太陽や星などの天体が東から西に動いて見える。

第8回正答率 78.5%

 ① 他の星に照らされ光り輝く

恒星は他の星に照らされなくても、自ら光り輝く星である。空に見えるほとんどの星は恒星だ。恒星どうしの位置関係は変わらず、星座を形づくる。他に、③、④のような特徴がある。太陽も恒星だが、唯一星座に属さない。

第8回正答率 84.2%

A 10 ② 惑星

自ら光を出す天体を恒星といい、自分で光を出さず、恒星のまわりを回っている天体の中で主なものを惑星という。昔の人びとは、星ぼしの間を「惑う」ように、予想できないよう動いて見える天体を惑星と呼んだ。地球自体が恒星である太陽のまわりを回る惑星のひとつだとわかったのは、あとになってからだ。また、目では見えない惑星の天王星や海王星はあとに発見された。

第9回正答率98.0%

A 11 ① リュウグウ

小惑星探査機「はやぶさ2」が2019年2月に小惑星リュウグウに着地（タッチダウン）し大きな話題となった。小惑星イトカワは小惑星探査機「はやぶさ」が到着し、砂つぶを回収して地球に帰還した。小惑星ベンヌはNASAが打ち上げた「オシリス・レックス」が探査し、観測により水の存在を確認した（2019年7月現在）。小惑星かぐや姫は1981年に東京天文台木曽観測所で発見された。

第9回正答率86.4%

A 12 ③ 彗星

彗星は、氷やチリが固まってできたもので、太陽に近づいたり遠ざかったりし、太陽に近づくときにとけて、その体がまわりに散らばり、ときに幅広く長い尾を引く姿になることから、ほうき星とも呼ばれる。近年では、2013年に接近したアイソン彗星が肉眼でも見られるのではないかと期待されたが、太陽に近づいた際に完全にとけてなくなってしまい期待はずれに終わった。一方、流れ星（流星）は、太陽を回る砂つぶが地球の大気に飛び込んだときに砂つぶのまわりの空気が光って見える現象で、ほんの一瞬の間に（長くても数秒程度で）夜空を流れるように横切り消えてしまうのが特徴だ。彗星と混同されやすいが、それぞれの特徴はまったく異なる。

第9回正答率93.3%

Q 13

次の天球の図で、★印にあたる場所は次のうちどれか。

① 天頂
② 天の北極
③ 天の南極
④ 天の赤道

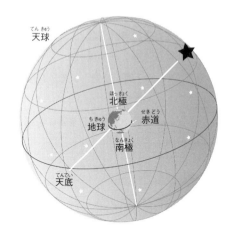

天球

北極
地球　赤道
南極

天底

Q 14

宇宙服の中の気圧はどれぐらいか。

① 0.3気圧ほど
② 0.7気圧ほど
③ 1気圧ほど
④ 1.5気圧ほど

Q 15

自分の国で開発した宇宙服を持っていない国はどこか。

① アメリカ
② ロシア
③ 中国
④ 日本

Q16 1977年に打ち上げられた探査機ボイジャー1号・2号にはレコードがのせられていた。次のうちまちがっているのはどれか。

©NASA/JPL

©NASA

① レコードに地球のさまざまな音が録音されている

② レコードに地球のさまざまな画像が録画されている

③ レコードに太陽系の位置の情報がえがかれている

④ 探査機が他の太陽系の中を通過する確率は1000年に1度くらいである

17

A 13 ① 天頂

地球を囲む想像上の大きな丸い球体を天球という。天頂は観察している人の頭の真上のことだ、逆に真下が天底なので、天底の反対側が天頂である。北極点に立つと、天の北極と天頂は同じになる。また、赤道に立つと、天頂は天の赤道の中の1点になる。このように、天頂の場所は観察している人の地点によって異なる。

第8回正答率 75.6%

A 14 ① 0.3気圧ほど

私たちは普段は1気圧の空気がある中で生きているが、宇宙服は約0.3〜0.4気圧ほどにして動きやすさを確保している。0.3気圧とはエベレスト山の山頂の気圧と同じぐらいで、宇宙服を着て船外活動をするためにはプリブリーズという体を0.3気圧に慣れさせる作業が必要となる。そして生命維持のために酸素濃度を濃くしている。富士山の山頂は0.7気圧ほどである。

第9回正答率 65.4%

A 15 ④ 日本

現在宇宙服を持っているのは、アメリカ、ロシア、中国のみである。このうち国際宇宙ステーションで使われているのは、アメリカ製とロシア製だ。日本の宇宙飛行士はアメリカとロシアの宇宙服を使ってきた。日本でもJAXA（宇宙航空研究開発機構）が新しい宇宙服を研究している最中だ。現在の宇宙服の中の気圧は0.3気圧であるが（空気のない宇宙で空気の入った宇宙服を着ると風船のようにふくらみ動きにくくなってしまうため）、宇宙飛行士が体を慣らすのにとても時間がかかる。そのため、そこまで気圧を下げなくても、動きやすいデザインや素材の研究が進められている。

A 16 ④ 探査機が他の太陽系の中を通過する確率は1000年に1度くらいである

ボイジャーは、太陽系の外惑星と太陽系外の探査のために打ち上げられた。二度と地球には帰ってくることなく、今も宇宙を飛び続けている。ボイジャー1号と2号が他の太陽系の中を通過する確率は1億年に1度くらいと考えられている。すこしさみしい気もする。

1 章

EXERCISE BOOK FOR ASTRONOMY-SPACE TEST

月と地球

Q1 月の形が約1カ月の周期で変わるのはなぜか。

① 地球の影に月が入るから
② 雲が月をかくすから
③ 太陽からの光のあたり方が変わるから
④ 月のその部分だけが、自分で光るようになっているから

Q2 月は地球のまわりを回りながら自身も回転（自転）している。月は何日で1回自転するか。

① 1日　　　　　　　② 27.3日
③ 59日　　　　　　④ 243日

Q3 次の図は、月の位置の変化を表している。月の位置と、その位置のときに見える月の名前の組み合わせが正しいものはどれか。

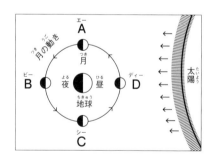

① A：新月　　　　　B：上弦の月　　　　C：満月　　　　　D：下弦の月
② A：上弦の月　　　B：新月　　　　　　C：下弦の月　　　D：満月
③ A：上弦の月　　　B：満月　　　　　　C：下弦の月　　　D：新月
④ A：下弦の月　　　B：満月　　　　　　C：上弦の月　　　D：新月

Q4 午前9時ごろ、東京で南西の空に月が見えた。月はどのように見えたか。

① ② ③ ④

Q5 月をじっくり見ると、模様があることがわかる。この月の模様の黒っぽく見える部分を何と呼ぶか。

① 海
② 墨
③ 山
④ 川

Q6 月の表面にたくさん見られる円いくぼみは何という地形か。

① 海
② 扇状地
③ クレーター
④ カルデラ

③ 太陽からの光のあたり方が変わるから

月や地球は自分で光を出さない。太陽の光に照らされたところが、明るく見えている。月は地球のまわりを回っているために、地球から見ると太陽からの光のあたり方が変わっていく。そのため、月の形は毎日変わっていくように見える。

第2回正答率 85.1%

② 27.3日

月の自転は27.3日であると同時に公転も27.3日である。このため地球からは月の裏側を見ることができない。地球は自転するのに1日かかり、水星は59日、金星は243日かかる。

第5回正答率 70.4%

③ A：上弦の月　　B：満月　　C：下弦の月　　D：新月

月が太陽の方向にあるDの位置では、地球から見える月面には太陽の光が当たらず新月になる。そこから月がAの位置に移動すると、月の半分が太陽の光に照らされ半月となる。この半月は新月の約1週間後に見られ、上弦の月と呼ばれる。Bの位置に月が来ると、月面すべてに光が当たって満月となり、Cの位置では、上弦の月の反対側が照らされる半月、すなわち下弦の月となる。その後さらに月が移動しDの新月に戻る。このような月の満ち欠けは、平均約29.5日でひとめぐりする。

第8回正答率 85.2%

24

①は満月、②は下弦の月、③は上弦の月、④は月齢27前後の月である。日本では、午前9時ごろ、南西の空に月が見えるのは下弦の月のときである。

わかりやすく説明すると、まず午前9時ごろ太陽と月が空のどこに見えているのかを考えてみよう。午前9時ごろの太陽はおよそ南東の方角にあるので、今自分が南の空を向いているとすると、太陽は左手側にあり、月は右手側にあることになる。すると月は太陽によって左側から照らされていることになるので、左側が光って見えるのだ。④のような形になるのは、月がもっと太陽のそばにあるときだ。 第9回正答率48.9%

A5 ① 海

月の黒っぽく見える部分は海と呼ばれている。黒っぽい岩石（げん武岩）でできている。海という名前だが、地球の海のように水があるわけではない。月の模様については、うさぎのもちつき、ほえるライオン、女の人の横顔など、世界中でいろいろに見たてられてきた。

うさぎのもちつき　ほえるライオン　ハサミがひとつのかに　女の人の横顔

A6 ③ クレーター

クレーターは、月にいん石がぶつかってできたと考えられる円いくぼみである。地球にもクレーターはあるが、少ない。月では大気や水による地形の破かいがなく、たくさんのクレーターが残っている。扇状地は山すそに川が運んだ土砂が扇のように広がった地形。カルデラは火山が噴火したあと、噴火口のまわりがへこんだ地形である。

Q7 月のクレーターができた主な原因は、次のうちどれか。

① 火山の噴火
② 月震（月で起こる地震）
③ 水分の蒸発
④ いん石の衝突

Q8 月の海はどのようにできたか。

① 大量の雨が降ってできた
② 山地が移動し低い土地があらわれた
③ 月の内部から水がしみ出してできた
④ 月の内部から溶岩があふれ出して広がった

Q9 月の満ち欠けの順番として正しいものはどれか。

① 新月→上弦の月→満月→下弦の月→新月
② 新月→下弦の月→満月→上弦の月→新月
③ 新月→満月→下弦の月→上弦の月→新月
④ 新月→上弦の月→満月→新月→下弦の月

Q
10
月の地形には名前がつけられている。正しい組み合わせはどれか。

©NASA

① A：ティコクレーター　　　　　B：コペルニクスクレーター
　　C：晴れの海

② A：コペルニクスクレーター　　B：晴れの海
　　C：ティコクレーター

③ A：コペルニクスクレーター　　B：ティコクレーター
　　C：雨の海

④ A：晴れの海　　　　　　　　　B：ティコクレーター
　　C：雨の海

月には大気がないので、太陽の光が当たっている昼間と、そうでない夜では、地面の温度がかなりちがう。どれくらい温度差があるか。

① 約30℃
② 約100℃
③ 約200℃
④ 約300℃

④ いん石の衝突

月のクレーターのほとんどは数億〜数十億年前のいん石の衝突によってできた。月には地球とちがって空気も水もないために、クレーターがあまり風化されずそのまま残っている。

第8回正答率 97.4%

④ 月の内部から溶岩があふれ出して広がった

月の表面の、うさぎがもちつきをしているように見える黒っぽい部分を「海」という。数十億年前に月にいん石が次々とぶつかって、内部から溶岩があふれ出して広がり、冷え固まってできた。海といっても地球のように水があるわけではない。

第9回正答率 77.5%

① 新月→上弦の月→満月→下弦の月→新月

新月は月齢0、上弦の月は月齢7くらい、満月は月齢14くらい、下弦の月は月齢22くらい。ちなみに、三日月は新月から2〜3日後に見られる形で、夕方の西の空に光っているのを見ることができる。

① A：ティコクレーター　B：コペルニクスクレーター
C：晴れの海

海は月の表面にみえる大きな黒っぽい場所。クレーターはいん石の衝突による穴だ。海はとても大きく、肉眼でもわかるほどだが、クレーターは大きなものでも双眼鏡を使わないとわからない。ここでは、AとBはクレーターで、Cは海だ。
めだつクレーターの名前は、主に、国際的に業績の認められた科学者や芸術家らの名前からつけられている。ティコは天体観測記録を多く残した天文学者、コペルニクスは地動説を唱えた天文学者である。海の名前は、気象現象からつけられていることが多い。

第5回正答率53.6%

④ 約300℃

月では、太陽の光があたる昼はおよそ110℃、夜はおよそ － 170℃にもなり、温度差は約280℃、つまり300℃くらいになる。

Q12

地球の直径は月の直径のおよそ何倍か。

① 2倍   ② 4倍
③ 8倍   ④ 10倍

Q13

月の表面で測ったら体重 10 k g の人が地球で同じ体重計に乗ると何 k g になるか。

① 1 k g   ② 20 k g
③ 40 k g   ④ 60 k g

Q14

スピードが時速 2000 k m の飛行機で宇宙に行けるとしたら、月まで片道どれぐらいかかるか。ただし、月までの距離はおよそ 40 万 k m とする。

① 約4日   ② 約8日
③ 約16日   ④ 約32日

Q15

地球から月までの間に、もし月を真っ直ぐ一列に詰めてならべたとしたら、およそ何個ならぶか。

① 11個   ② 110個
③ 1100個   ④ 1万1000個

Q 16

月の特徴 としてまちがっているものはどれか。

① 直径は地球の約6分の1
② 地球と月の間の距離はおよそ地球30個分
③ 体積は地球の約50分の1
④ 月は約27.3日かけて自転している

Q 17

満潮と干潮の差が大きくなる大潮は、月がどのような形のころに起こるか。

① 満月と新月のころ
② 満月のころのみ
③ 上弦の月と下弦の月のころ
④ 上弦の月のころのみ

A 12 ② 4倍

地球の直径は月の直径のおよそ4倍だ。地球の直径＝約1万2700ｋｍ。月の直径＝約3500ｋｍ。

第3回正答率84.4%

A 13 ④ 60ｋｇ

地球の重力は月の6倍である。つまり、地球に行くとすべての物の重さが月の表面の6倍になるので、月で体重10ｋｇの人が地球で体重計に乗ると60ｋｇあるということになる。

A 14 ② 約8日

地球から月までの平均距離は約38万ｋｍ、おおざっぱにいえば40万ｋｍなので、

40万ｋｍ÷2000ｋｍ／時＝200時間
200時間÷24時間＝8.3…日   となる。

第9回正答率63.0%

A 15 ② 110個

地球から月までの平均距離はおよそ38万ｋｍ。月の直径は約3500ｋｍなので、割り算をするとおよそ110個分となる。地球と月の間に地球が約30個ならぶことを知っていれば、月の直径は地球の直径の約4分の1なので、30個の4倍程度と見当をつけることもできる。

第8回正答率66.0%

① 直径は地球の約6分の1

月の直径は3500 k m ほどで地球の直径約1万2700 k m の約4分の1である。ちなみに、月の体積は地球の50分の1だが、重さは80分の1しかない。これは月が平均して地球より軽い物質でできていることを示している。

第8回正答率 69.9%

① 満月と新月のころ

海が干潮や満潮になる潮の干満は、月の引力が海水と海底を引っ張ることによって起こる。月・地球・太陽が一直線にならぶ満月と新月のころには、月の引力に太陽の引力も加わって、潮の干満の差が大きい大潮になる。一方、地球から見て月と太陽が直角に離れる半月のころには、月の引力と太陽の引力が打ち消し合い、干満の差が小さい小潮になる。

第8回正答率 75.4%

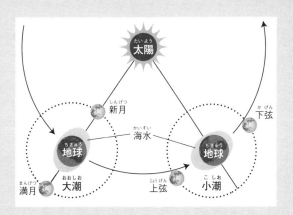

Q 18 新月から2日後または3日後に見られる月は、どのような形をしているか。

① 　② 　③ ④

Q 19 昔の人々が「望月」と呼び、待ち望んだ月はどれか。

① 　② 　③ 　④

Q 20 十七夜から、二十夜までの月の呼び方をならべてみた。正しい順番はどれか。

① 更待月—立待月—寝待月—居待月
② 更待月—居待月—寝待月—立待月
③ 立待月—居待月—寝待月—更待月
④ 居待月—立待月—更待月—寝待月

34

Q 21 「更待月（ふけまちづき）」と呼ばれる月は次のうちどれか。

① 　② 　③ 　④

Q 22 十五夜（じゅうごや）の翌日（よくじつ）の月（つき）は十六夜（いざよい）。「いざよい」はどういう意味（いみ）でつけられたか。

① 待（ま）つ、という意味（いみ）。月（つき）が遅（おそ）くのぼってくるのを待（ま）っているということからつけられた

② ためらう、という意味（いみ）。月（つき）が前日（ぜんじつ）より遅（おそ）くのぼってくるようすからつけられた

③ 宵（よい）の口（くち）、という意味（いみ）。宵（よい）の空（そら）にのぼってくるようすからつけられた

④ いざ出陣（しゅつじん）、という意味（いみ）。いさぎよくのぼってくるようすからつけられた

一般的に、新月から2〜3日後に見られる月を「三日月」という。しかし、新月から2〜3日後の月は、②のイラストのように細く、西の空へ早くしずんでしまうため見つけにくい。4〜5日後のものもふくめて三日月ということがある。①は新月から7〜8日後に見られる半月のときの形。③と④のような形の三日月が、マンガや本のイラストなどに登場することがある。しかし、この形は三日月の特徴を大げさにえがいたもので、月の満ち欠けでこのような形になることはない。

第2回正答率83.0%

「望月」は満月のことをいう。「望む月」、つまり人々は月がまん丸になる日を待ち望んでいたのだろう。その前夜のことは「小望月」といって、前日にまで名前をつけてしまうほど楽しみにしていたのかもしれない。

第5回正答率82.9%

月の出は毎日遅くなるので、十七夜では立って待っていたのが、十八夜は座って待つようになり、十九夜には寝ながら待つことになり、二十夜のころには夜も更けるころまで待つようになる。

第4回正答率48.5%

④

「二十夜」の月のことを更待月と呼んでおり、北半球に位置する日本では④のように見える。夜が更けてから月がのぼってくるため（午後10時ごろ）こう呼ばれた。

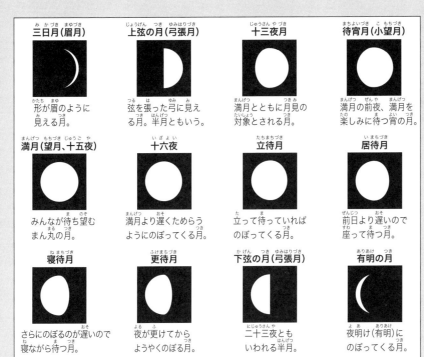

三日月(眉月)
形が眉のように見える月。

上弦の月(弓張月)
弦を張った弓に見える月。半月ともいう。

十三夜月
満月とともに月見の対象とされる月。

待宵月(小望月)
満月の前夜、満月を楽しみに待つ宵の月。

満月(望月、十五夜)
みんなが待ち望むまん丸の月。

十六夜
満月より遅くためらうようにのぼってくる月。

立待月
立って待っていればのぼってくる月。

居待月
前日より遅いので座って待つ月。

寝待月
さらにのぼるのが遅いので寝ながら待つ月。

更待月
夜が更けてからようやくのぼる月。

下弦の月(弓張月)
二十三夜ともいわれる半月。

有明の月
夜明け(有明)にのぼってくる月。

② ためらう、という意味。月が前日より遅くのぼってくるようすからつけられた

「いざよう」は「ためらう」という意味。月の出る時刻は、毎日、40分～1時間ほどずつ遅くなる。満月は、ちょうど日の入りの時刻とともに東の空からのぼってくるが、翌日の十六夜の月は、満月よりも遅い時間にのぼってくるので、そのようすを、「ためらう」と表現したのだろう。

第3回正答率 50.0%

Q 23

次のうち、世界初の人工衛星はどれか。

① スプートニク1号

② ルナ2号

③ アポロ11号

④ 嫦娥3号

Q 24

人類はさまざまな方法で月を探査してきた。次のうち、月への有人着陸を果たした宇宙船はどれか。

① ルナ（ソ連）

② サーベイヤー（アメリカ）

③ アポロ（アメリカ）

④ かぐや（日本）

Q 25

探査の歴史について、探査機の説明としてまちがっているのはどれか。

① 「ルナ2号」は月のまわりをぐるぐると回ることに成功した

② 「アポロ11号」は世界で初めて人類が月面に降り立つことに成功した

③ 「かぐや」はくわしい月の地形や月の地下のようすを明らかにした

④ 「嫦娥4号」は世界で初めて月の裏側への着陸に成功した

Q 26

次の中で、有人宇宙ロケットまたは有人宇宙船でないものはどれか。

① スペースシャトル

② Ｈ－ⅡB

③ ソユーズ

④ サターン

Q 27

月にはじめて人間が着陸するときに使用した
「アポロ宇宙船」を打ち上げたロケットはどれか。

① サターン

② スペースシャトル

③ ソユーズ

④ イプシロン

① スプートニク1号

世界初の人工衛星は、1957年にソ連（現在のロシア）が打ち上げた「スプートニク1号」である。「ルナ2号」は、ソ連の月探査機で、1959年に初めて月面に到達した。「アポロ11号」は、アメリカのアポロ計画により、1969年に初めて人類を月面に着陸させることに成功した。「嫦娥3号」は、中国の無人探査機で、2013年に月面着陸に成功し、探査車を活動させるなどした。

第9回正答率73.3%

③ アポロ（アメリカ）

1969年7月、アポロ11号によって人類は初めて月面に降り立った。ソ連のルナは1号から24号まであり、ルナ2号が無人探査機として初めて月面に到着した。そのあと、ソ連は有人着陸も目指したが、果たすことができなかった。アメリカのサーベイヤーや日本のかぐやも無人探査機である。

①「ルナ2号」は月のまわりをぐるぐると回ることに成功した

「ルナ2号」はソ連（現在のロシア）の月探査機で、1959年初めて月面に到着（衝突）した。月のまわりをぐるぐると回る周回軌道に入ることに成功したのは、もう少しあとのことで、1966年に「ルナ10号」がなしとげた。②はアメリカ、③は日本、④は中国の月探査機で、それぞれが説明のような成果をあげた。月探査は、将来、人類が月に移り住んだり月の資源を利用したりするときに、たいへん重要になってくるだろう。

 ② H－ⅡB

日本の H－ⅡB ロケットは、国際宇宙ステーション（ISS）への物資輸送だけでなく、将来には月面まで物資を運んだり、より大型の人工衛星を打ち上げたりすることを目的としているロケットで、人を宇宙へ運ぶ目的で開発されたものではない。高い技術力による信頼性と、打ち上げ費用を低く抑えた世界トップレベルのロケットである。

 ① サターン

世界最大のサターンロケットで、アポロ宇宙船が打ち上げられ、月面着陸を成功させた。②はアメリカが開発した有人宇宙船。③はISSに滞在する宇宙飛行士の有人打ち上げに使われているロシアのロケット。④は日本が開発した固体燃料の小型ロケット。

2 章

EXERCISE BOOK FOR ASTRONOMY-SPACE TEST

たいよう　　　ちきゅう
太陽と地球

Q1 北半球において、1年のうちで一番夜が長い日は、次のうちどれか。

① 春分の日　　　　　　　② 夏至の日
③ 秋分の日　　　　　　　④ 冬至の日

Q2 南半球のオーストラリアで、1年のうち太陽が一番高いところにのぼるのはいつか。

① 春分の日（3月21日ごろ）　　② 夏至の日（6月21日ごろ）
③ 秋分の日（9月23日ごろ）　　④ 冬至の日（12月22日ごろ）

Q3 次の写真は北緯36°（東京の緯度）での太陽の見える角度を示したものである。矢印のところに太陽が来るのは、次のどのときか。

① 春分
② 夏至
③ 秋分
④ 冬至

◀ 54.0°

◀ 30.6°

地平線
◀ 0°

Q4 日本での夏至について、正しいものはどれか。

① 太陽が西のほうからのぼる
② 1年で太陽がもっとも高くのぼる
③ 1年で一番夜が長い
④ 太陽が南の空で長い時間止まる

Q5 太陽の表面に見られる黒点の温度は、そのまわりの温度に比べてどうか。

① まわりより低い
② まわりと同じぐらい
③ まわりより高い
④ まわりより低いものと高いものがある

Q6 太陽にある黒点の説明でまちがっているものはどれか。

① いつも同じ所から同じ形のものができる
② 太陽の活動が活発なときにたくさん見られる
③ 数日、観測して記録すると太陽が自転していることがわかる
④ まわりより温度が低い

A 1 ④ 冬至の日

夏至の日は1年のうち一番昼が長い日となる。冬至の日は1年のうち一番夜が長い日となる。北半球では「夏至」は6月21日あたり、「冬至」は12月22日あたりだが、毎年必ずしも同じ日ではなく前後1〜2日ずれることがある。

A 2 ④ 冬至の日（12月22日ごろ）

北半球が冬のとき、南半球は夏。南半球では、冬至の日（12月22日ごろ）が、1年のうちで一番日が長く、太陽は高いところをのぼることになる。

A 3 ② 夏至

夏と冬では、同じ昼間でも太陽の高さがちがう。地球は1年をかけて太陽をめぐる公転をし、場所を変えていく。一方、地球は、太陽に対しななめにかたむいて1日1回自転している。そのため、自転の軸が太陽の方にかたむく夏至のとき、太陽の高さは高くなる。逆に、自転の軸が太陽と反対方向にかたむく冬至は、太陽の高さが低い。春分と秋分のときには、夏至と冬至の中間くらいの高さになる。

第9回正答率93.3%

46

② 1年で太陽がもっとも高くのぼる

日本での夏至は、1年で一番昼が長くなり、太陽がもっとも高くのぼる。しかし夏至の日だからといって、太陽が西のほうからのぼってきたり、太陽の動くスピードが変わったりはしない。

① まわりより低い

太陽の表面の温度は約6000℃で、黒点はそれよりも2000℃ほど温度が低い。それだけ光り方も弱く、まわりより暗く見える。ただ「黒い点」と書いても、まったく光を出していないのではない。

① いつも同じ所から同じ形のものができる

黒点は太陽の赤道あたりで発生することが多いが、なかには全然ちがうところから発生することもある。形は大小、丸いものからいびつな形のものまでさまざまで、過去には日本列島にそっくりな形のものができたこともあった。

第2回正答率 87.2%

Q7 次のうち太陽が自転していることを表しているのはどれか。

① 黒点はしだいに位置を変えていく
② 黒点が消えたり現れたりする
③ 大きなプロミネンスが発生する
④ 太陽の南極側、北極側に大きな黒点が発生する

Q8 太陽表面の爆発現象を何というか。

① 黒点　　　　　② フレア
③ プロミネンス　④ 火球

Q9 次の図は太陽の構造を示したものである。もっとも温度が高いのはどこか。

① 中心核
② 表面
③ 黒点
④ コロナ

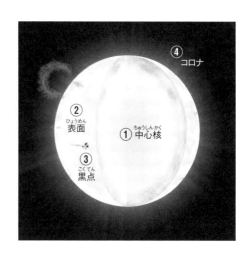

Q 10
太陽の直径は、地球何個分の大きさか。

① 19個分　　② 109個分
③ 190個分　　④ 1900個分

Q 11
太陽についてまちがっているものはどれか。

① 太陽の直径は地球が109個ならぶ大きさである
② 太陽の温度は表面よりも中心のほうが高い
③ 太陽は岩石でできた高温の星である
④ 太陽の密度は水よりも大きい

Q 12
次の写真のうちコロナを示しているものはどれか。

①
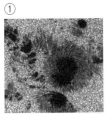
©SPL/PPS

②
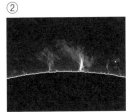
©Science Source/PPS

③
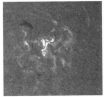
©NAOJ

④

©Science Source/PPS

2章 太陽と地球

① 黒点はしだいに位置を変えていく

イタリアの科学者ガリレオ・ガリレイは、1613年に発表した本で、黒点が移動していることから、初めて太陽が自転していると主張した。また、日本でも江戸時代に太陽黒点の観測をおこなった国友一貫斎は、約1年間の観測をおこない、黒点の移動が太陽の自転であることを知っていた。一番わかりやすく、黒点を継続して観測するだけで太陽が自転していることがわかる。

② フレア

太陽表面で起こる爆発をフレアという。フレアは、数分～数時間輝いて消える。①の黒点は、太陽表面に見られるしみのような模様をいう。まわりよりも温度が低いために暗く見えている場所だ。③のプロミネンスは、太陽表面に見られるもやもやした雲のようなもの。④の火球は、太陽とは直接関係ない。流れ星のうち、とても明るいもののことをいう。 第9回正答率71.4%

① 中心核

太陽の中心では核融合反応が起こり、すさまじい熱が発生している。それが表面に伝わり、熱くなって光を出している。中心核の温度は約1400万℃、表面の温度は約6000℃である。黒点は周囲より温度が低く、約4000℃。上空をおおうコロナの温度は100万℃以上。中心核がもっとも温度が高い。 第9回正答率86.2%

50

A 10　② 109個分

太陽の直径は約140万 k m である。これは、地球が109個ならぶ大きさだ。地球と月の平均距離の3倍以上におよぶ。太陽は非常に巨大だ。

第4回正答率 79.6%

A 11　③ 太陽は岩石でできた高温の星である

太陽は岩石ではなくガス（気体）でできた高温の星である。直径はおよそ140万 k m で、地球が109個ならぶ大きさ。表面の温度はおよそ6000℃、中心は1400万℃ほどにもなる。平均密度は水のおよそ1.4倍である。

A 12　④

©Science Source/PPS

コロナは太陽の上空をおおっている希薄なガスの層で、淡く光っているため普段は見えないが、月が太陽の表面を隠す皆既日食のときには肉眼で見られる。①は太陽の表面にしみのように見える黒点、②は太陽の表面からのびる雲のようなプロミネンス、③は太陽表面の爆発現象であるフレア。

第8回正答率 66.7%

Q 13

太陽から来る太陽風は、地球に直接あたらない。それはなぜか。

① 地球のオーロラが、太陽風を防ぐから

② 太陽風は、遠い地球まで届かないから

③ 月が太陽風を吸収してくれているから

④ 地球が磁石になっていて、磁力が太陽風をさえぎるから

Q 14

オーロラについて正しいものはどれか。

① 赤道付近でよく見られる

② 太陽で起こるフレアが関係している

③ 高度約10〜50ｋｍに出現する

④ 太陽風が弱くなると、たくさん見ることができる

Q 15

太陽の中心で発生した熱が太陽の表面まで伝わるには、どのくらいかかるか。

① 10年

② 100年

③ 1万年

④ 100万年

Q 16 太陽について正しいものはどれか。

① 直径は約13万9200 ｋｍ である
② 太陽は燃えている
③ 中心の熱が表面に伝わるまで100年かかる
④ コロナと光球の間には彩層がある

Q 17 太陽の中心の説明として、正しいものはどれか。

① 高温の液体でできている
② 温度は約6000℃である
③ ガスがまわりの酸素と反応して激しく燃焼している
④ 核融合反応が起きている

Q 18 月食が起きるときの3つの天体の位置関係はどれか。

① 地球—太陽—月の順で一直線にならぶ
② 地球—月—太陽の順で一直線にならぶ
③ 太陽—地球—月の順で一直線にならぶ
④ 月—太陽—地球の順で一直線にならぶ

A13 ④ 地球が磁石になっていて、磁力が太陽風をさえぎるから

太陽風は、太陽から吹き出す、電気を帯びた原子や電子の風だ。太陽から地球を越え、その100倍以上の距離まで届いていることがわかっている。電気を帯びているものが進もうとすると、磁力でとらえられ、進路が変わる。そのため、地球には太陽風は直接あたらない。ただ、太陽風は地球からみて太陽と反対側にたまる。それがなだれのように北極や南極に落ちてくると、地球の大気にエネルギーをあたえてオーロラが発生する。

第8回正答率 83.5%

A14 ② 太陽で起こるフレアが関係している

フレアなどが原因で太陽風が強く吹くとき、太陽風に含まれる小さな電子のつぶが地球の大気中にある酸素やちっ素にぶつかると、色のついた光を出しオーロラとなる。オーロラは北極や南極の近くでよく見られ、高度は約100km以上に出現する。

第9回正答率 64.9%

A15 ④ 100万年

太陽は巨大なので、中心で発生した熱は、すぐには表面まで伝わってこない。地球から月までの距離よりも、もっと長い距離を進まなくては、熱は表面まで届かないのだ。そのため、熱が表面に到達するためには、100万年という長い時間が必要になる。

第4回正答率 28.6%

A 16 ④ コロナと光球の間には彩層がある

太陽の直径は約139万2000kmである。太陽は燃えておらず、中心で核融合反応が起こり熱が発生している。そしてその熱が表面に伝わるのに100万年かかる。彩層は特殊なフィルターを使うか皆既日食の開始直後と終了直前に見ることができる。

第9回正答率 47.9%

A 17 ④ 核融合反応が起きている

太陽は高温なガスの球である。中心では核融合反応が起こり、すさまじい熱が発生している。この熱は表面までゆっくりと伝わる。中心の温度は約1400万℃だが、表面では6000℃になり、この表面のガスから光が出ている。太陽は、炎を出して燃えているわけではない。

第8回正答率 79.9%

A 18 ③ 太陽―地球―月の順で一直線にならぶ

太陽―地球―月の順に一直線にならんだとき、月は地球が宇宙空間につくる影の中に入り、月食となる。

第3回正答率 72.5%

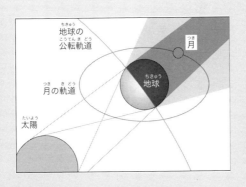

Q 19
皆既日食が起きるときの３つの天体の位置関係はどれか。

① 地球―太陽―月の順で一直線にならぶ
② 地球―月―太陽の順で一直線にならぶ
③ 太陽―地球―月の順で一直線にならぶ
④ 太陽―地球―月の順で直角となる

Q 20
金環日食のとき、地球から見た月と太陽の見かけの大きさで正しいものはどれか。

① 太陽が月より小さい
② 太陽が月より大きい
③ 太陽と月との大きさが等しい
④ 太陽が月より大きいときも小さいときもある

Q 21
ロシアの宇宙ステーション「ミール」は、どのように廃棄されたか。

① その場で解体して、部品を回収した
② 地球へ落とした
③ 太陽へ向けて飛ばした
④ 原子力で加熱して、蒸発させた

Q22 次の図の空欄に入る正しい組み合わせはどれか。

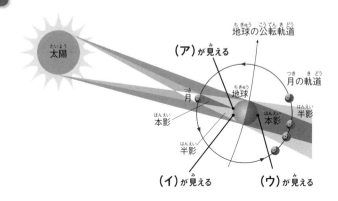

① ア：皆既日食　　　イ：部分日食　　　ウ：皆既月食
② ア：部分日食　　　イ：皆既日食　　　ウ：皆既月食
③ ア：皆既月食　　　イ：部分月食　　　ウ：皆既日食
④ ア：部分月食　　　イ：皆既月食　　　ウ：皆既日食

Q23 太陽が光り輝くためのエネルギーをつくり出しているしくみを何というか。

① フレア　　　　　　　　② 太陽風
③ 核融合反応　　　　　　④ 皆既日食

Q24 国際宇宙ステーション（ISS）が地球を1周するのにかかる時間はおよそどのぐらいか。

① 60分　　　　　　② 90分
③ 120分　　　　　④ 180分

A 19　② 地球—月—太陽の順で一直線にならぶ

地球—月—太陽の順に一直線にならんだとき、地球から見たとき月が太陽をかくしてしまうことがある。このとき、太陽の一部分をかくす場合を部分日食、全体をかくしてしまう場合を皆既日食という。また、太陽の方が月より大きく見え、太陽が完全にかくれず月の外側にリング状に見える場合を金環日食という。

第8回正答率78.5%

A 20　② 太陽が月より大きい

月の外側に太陽がはみ出してリング状に見える日食のことを金環日食（金環食）という。太陽や月は、地球の公転や月の公転によって、地球からの距離が変わるため、見かけの大きさが変わる。金環日食が見られるのは、地球から見た太陽の見かけの大きさが、月の見かけの大きさより大きいときである。　第7回正答率68.3%

A 21　② 地球へ落とした

1986年から運用されたロシアの宇宙ステーション「ミール」は、1990年にＴＢＳの秋山豊寛氏が宇宙特派員として日本人初の宇宙飛行をおこなったことでも話題となった。全長約30ｍ、重量約130トンもあったが、15年間運用されたあと、2001年に地球の大気圏に突入させ、廃棄処分となった。燃え尽きなかった部分は南太平洋の海域に予定通り落下した。ちなみに、「ミール」とはロシア語で「平和」という意味である。　第9回正答率79.8%

A22 ① ア：皆既日食　　イ：部分日食　　ウ：皆既月食

太陽—月—地球の順にほぼ一直線にならぶと日食が起こる。また太陽—地球—月の順にほぼ一直線にならんだとき、月は地球が宇宙空間につくる影に入ってしまう。この現象を月食といい、月全体がすっぽり影に入るときを皆既月食という。

第7回正答率 86.7%

A23 ③ 核融合反応

太陽は1秒間に、世界人類が100万年間使えるだけのエネルギーを出している。太陽では、核融合反応が起きているのだ。①のフレアは、太陽表面で起こった爆発のこと。②の太陽風は、太陽から放出される電気を帯びた電子や原子の風のこと。④の皆既日食は、太陽・月・地球が一直線にならび、地球から見たときに、太陽を月が完全にかくしてしまう現象のこと。

第2回正答率 82.0%

A24 ② 90分

国際宇宙ステーション（ISS）は、地上約400km上空に建設された有人実験施設だ。1周約90分というスピードで地球のまわりを回っている。宇宙飛行士が滞在し、地球や天体の観測、宇宙だけの特殊な環境を利用したさまざまな研究・実験をおこなっている。国際宇宙ステーションには、日本の実験棟「きぼう」もある。

第8回正答率 61.7%

3章

EXERCISE BOOK FOR ASTRONOMY-SPACE TEST

太陽系の世界

Q1 太陽系の惑星で3番目に小さい惑星はどれか。

① 水星　　　② 金星
③ 火星　　　④ 海王星

Q2 惑星の直径を比べた。次のうち正しいものはどれか。

① 木星は水星より小さい
② 水星は金星より小さい
③ 天王星は土星より大きい
④ 海王星は天王星より大きい

Q3 次のうち、惑星の直径が大きなものから小さなものへと正しくならんでいるものを選べ。

① 木星—地球—火星—水星
② 木星—土星—地球—海王星
③ 天王星—海王星—土星—木星
④ 金星—水星—土星—木星

Q4 次のうち環をもたない惑星はどれか。

① 水星　　　② 木星
③ 天王星　　④ 海王星

Q5 次の文は、どの惑星のことか。
「直径 4 万 9528 km で、質量は地球の 17 倍。ドイツのガレが発見」

① 天王星　　　② 海王星
③ 土星　　　　④ 木星

Q6 水星と金星に共通する特徴を述べたものとして、まちがっているものはどれか。

① 地球の内側を回っている
② 厚い大気でおおわれている
③ 衛星をもたない
④ 夕方の西の空か明け方の東の空で見られる

Q7 次のうち土星の衛星ではないものはどれか。

① ミマス
② アリエル
③ エンケラドス
④ タイタン

A1

② 金星

太陽系の惑星を小さなものから順にならべていくと、水星、火星、金星、地球、海王星、天王星、土星、木星となる。

A2

② 水星は金星より小さい

水星の直径は4879kmで、金星の1万2104kmよりも小さい。
その他の惑星の直径は次の通り。
木星は14万2984km、土星は12万536km、天王星は5万1118km、
海王星は4万9528km。　第9回正答率90.4%

A3

① 木星―地球―火星―水星

8つの惑星を直径が大きい順にならべると、木星＞土星＞天王星＞海王星＞地球＞金星＞火星＞水星の順となる。火星の直径は地球のおよそ半分、惑星のなかでもっとも大きいのは木星といった具合に覚えておこう。

A4

① 水星

太陽系の惑星のうち環をもつのは、木星、土星、天王星、海王星である。木星の環はとてもうすいため地上から見ることは困難だが、1979年に「ボイジャー1号」が発見した。　第9回正答率95.6%

A5 ② 海王星（かいおうせい）

太陽系の惑星のうち、発見者がはっきりしているのは、天王星と海王星の2つだ。天王星はイギリスのウィリアム・ハーシェルが発見している。海王星はフランスのユルバン・ルベリエの計算に基づく位置を探して、ドイツのヨハン・ガレが発見した。なお、ルベリエよりわずかに早く、イギリスのジョン・アダムスも位置予測をしており、それはあっていたが、確認観測がされず発見の名誉を逃している。19世紀の1846年なので、発見からまだ200年たっていない。海王星は地球よりずいぶん大きい星だが、長らく発見できなかったのは45億kmと、土星の3倍も遠くにあり、肉眼で見えないほど暗いためだ。ただ、17世紀にイタリアのガリレオ・ガリレイが残したスケッチに海王星がえがかれている。位置さえわかれば小型の望遠鏡で確認できる。

第9回正答率 44.0%

A6 ② 厚い大気でおおわれている

水星と金星には共通する特徴がある。どちらも地球の内側を回る惑星であり、衛星をもたない。また、日本からは、夕方の西の空か明け方の東の空でしか見られない。しかし、水星と金星では異なる点もある。金星がとても厚い大気でおおわれているのに対し、水星の大気は地球の1兆分の1と、たいへんうすい。

第9回正答率 65.9%

A7 ② アリエル

アリエルは天王星の衛星である。1851年にウィリアム・ラッセルによって発見された。ミマスは1789年にウィリアム・ハーシェルによって発見された。エンケラドスは氷で覆われていて表面が白く輝いている。タイタンは探査機「カッシーニ」から切り離されたホイヘンス探査機が軟着陸に成功している。

Q8

金星を望遠鏡で拡大すると、図の A の、三日月型の金星を観察することができた。後日、同じ倍率で半月型の金星を観察できた。どのように見えたか。

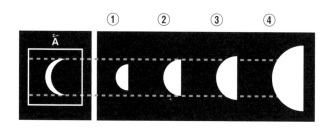

Q9

次の条件に合う惑星は何か。
・地球より太陽に近い。
・厚い大気をもち、表面のようすは地球からは見えない。

① 金星
② 水星
③ 火星
④ 土星

Q10

土星の環は主に何でできているか。

① ガス
② 氷
③ ガラス
④ 金属

66

Q11 地球の赤道上空に、土星と同じように巨大な環があって、地表からも見ることができるとしたら、東京ではどの方角にどのように見えるだろうか。正しいものを選べ。

① 南北にまっすぐな直線になって見える
② 北の空に月のように丸い環が見える
③ 南の空に扇を立てたように環の一部分が見える
④ 頭の真上を通る東西にまっすぐな直線になって見える

Q12 海王星の説明として、正しいものはどれか。

① 太陽からもっとも離れた惑星である
② 真横にたおれたまま太陽のまわりを回っている
③ 直径が地球の約11倍ある
④ 北極と南極が二酸化炭素の氷でおおわれている

Q13 冥王星の説明として、まちがっているものはどれか。

① かつて9番目の惑星とされていた
② 直径は地球と同じぐらいである
③ ちっ素やメタンなどでできた大気がある
④ 探査機「ニューホライズンズ」が調査をおこなった

A 8 ①

金星は地球の近くでは大きく見えるが、太陽の光が当たって輝く部分が少なく三日月型に見える。遠くになるにつれて、三日月型→半月型→円へと見える形が変わっていくが、見かけの大きさは小さくなっていく。 第6回正答率28.4%

A 9 ① 金星

金星は地球の一つ内側を回る惑星だ。大きさはほぼ地球と変わらず、生まれたときは双子のように見えたことだろう。しかし、太陽からの距離がちょっと近かったことが、金星と地球の運命を変えた。金星は、暑くなったために水分が蒸発して、そのうち大気から水が失われていった。そして、二酸化炭素が多かったことから、熱が逃げにくい温室効果が暴走して、今や表面の温度は460℃にもなっている。厚い雲からは、硫酸の雨が降るという、まさに地獄のような星になってしまった。

A 10 ② 氷

土星の環は、主に氷の小さなかけらでできていて、わずかにチリがまじっている。それらは、細い筋を形づくり、その筋が何千本も集まって、はばの広い環に見えている。半径は10万km以上だが、厚みは薄いところで数mしかない。

③ 南の空に扇を立てたように環の一部分が見える

地球の赤道上空に土星のような環があったら、昼も夜も地表から見ることができると考えられる。東京から見て赤道上空は、南の方角。環は東から西に向かって虹のように、扇を立てかけたように見えることになるだろう。

① 太陽からもっとも離れた惑星である

8つの惑星のうち、海王星は太陽から一番遠い軌道を回っている。冥王星はその外側を回っているが、惑星ではなく準惑星に分類されている。②は天王星、③は木星、④は火星の特徴。

第7回正答率87.2%

② 直径は地球と同じぐらいである

冥王星は海王星の軌道よりもさらに外側にある、小さな天体が集まった領域をまわっている。その直径は2370kmと地球の5分の1ほどで、月よりも小さい。遠く小さな天体のため、これまでハッブル宇宙望遠鏡でもその姿をはっきりと見ることができなかったが、2015年7月にアメリカの探査機「ニューホライズンズ」が最接近し調査をおこなった。冥王星は、1930年にアメリカのトンボーにより発見されて以来、太陽系の9番目の惑星とされてきたが、2006年に準惑星に変更された。ちっ素やメタン、一酸化炭素からなる大気がある。

第9回正答率71.4%

Q14 太陽系の惑星で、一番自転周期が短いものはどれか。

① 金星
② 地球
③ 火星
④ 木星

Q15 公転するスピードは、惑星によって異なっている。では公転が速い順番にならんでいるのはどれか。

① 地球—水星—火星—木星
② 木星—火星—地球—水星
③ 火星—地球—木星—水星
④ 水星—地球—火星—木星

Q16 太陽系最大の衛星はどれか。

① 木星のガニメデ
② 地球の月
③ 土星のタイタン
④ 海王星のトリトン

Q 17　次の衛星の中で、もっとも厚い大気をもっているのはどれか。

① 月

② ガニメデ

③ タイタン

④ トリトン

Q 18　ほぼ真横にたおれた状態で太陽のまわりを回っている惑星は、次のうちどれか。

① 木星

② 土星

③ 天王星

④ 海王星

Q 19　およそ2年2カ月ごとに地球に接近する天体は何か。

① ハレー彗星

② 火星

③ エウロパ

④ リュウグウ

A 14　④ 木星

金星が自転周期は243日で、太陽系の中では一番長く、しかも自転の向きが逆向きである。火星は地球とほぼ同じである。木星は太陽系で一番大きい惑星だが、自転周期は約10時間しかない。

第6回正答率38.0%

A 15　④ 水星—地球—火星—木星

公転のスピードは、太陽に近いほど速い。そのため、内側の惑星ほど速く公転して、外側の惑星ほどゆっくりと公転する。

A 16　① 木星のガニメデ

木星のガニメデは惑星である水星よりも大きい。太陽のそばにある水星とちがい、表面は氷でおおわれている。大きさは木星の30分の1ほどだ。地球の月は地球の4分の1と、地球に不釣り合いなほど大きいが、大きさではガニメデよりも小さい。土星のタイタンはガニメデよりは小さく、月より大きい。その表面には地球よりも分厚い大気がある。海王星のトリトンは月よりひとまわり小さく、海王星の自転と反対方向に公転しているという不思議な特徴がある。

第8回正答率51.4%

A 17 ③ タイタン

タイタンは土星最大の衛星で、厚い大気をもっていることが特徴だ。大気は主にちっ素やメタンなどでできていて、40億年以上前の地球の大気と似ているのではないかと考えられている。タイタンはとても寒いため、タイタンの地表面ではメタンが液体となって川や海をつくっている。

第7回正答率91.5%

A 18 ③ 天王星

太陽系の8つの惑星は、それぞれ少しかたむいたまま太陽のまわりを公転している。地球のかたむきは、23.4°である。木星は3°、土星は27°、海王星は28°かたむいている。ところが、天王星は98°とほぼ真横にたおれた状態で太陽のまわりを回っている。

第8回正答率87.8%

A 19 ② 火星

地球の公転周期は365日、火星の公転周期は687日で約2年2カ月ごとに火星は地球に接近する。しかし、その公転の軌道は、だ円なので、最接近するときの距離は毎回ちがう。ハレー彗星は、公転周期75.3年で太陽に近づく。エウロパは、木星の衛星である。リュウグウは、小惑星で公転周期は1.3年である。

第8回正答率84.2%

Q 20

流星群と関係がある天体は次のうちどれか。

① 彗星
② 衛星
③ 星雲
④ 星団

Q 21

流れ星の正体として、正しいものはどれか。

① 小さなチリや砂つぶが地球大気の中に飛び込んできて光って見えたもの
② 星座を形づくる星が地球に落ちてきたもの
③ 人工衛星に太陽の光が反射して見えたもの
④ 高いところで光る雷

Q 22

1月上旬ごろ、毎年流れる流星群は次のうちどれか。

① しぶんぎ座流星群
② ペルセウス座流星群
③ しし座流星群
④ ふたご座流星群

Q23 次のうち三大流星群ではないものはどれか。

① しぶんぎ座流星群
② ペルセウス座流星群
③ しし座流星群
④ ふたご座流星群

Q24 探査機と探査した天体の組み合わせとして、まちがっているものはどれか。

① キュリオシティ：火星
② カッシーニ：冥王星
③ ロゼッタ：彗星
④ はやぶさ：小惑星

Q25 次の写真は探査機「カッシーニ」が撮影したある惑星の北極付近である。その惑星は次のうちどれか。

① 火星
② 木星
③ 土星
④ 天王星

©NASA/JPL-Caltech/SSI

A 20 ① 彗星

彗星がまき散らしたたくさんのチリの流れを
地球がとおりぬけるとき、そのチリが地
球に飛びこんできて多くの流星として見
られるのが流星群である。

彗星から
飛び出したチリ

彗星

太陽

地球

地球がチリと
ぶつかる

A 21 ① 小さなチリや砂つぶが地球大気の中に飛び込んできて光って見
えたもの

流れ星は、宇宙をただようチリや砂つぶが、ものすごいスピードで大気とぶつかって
熱くなり、まわりの大気とともに光っている現象。「流れ星」と書くが、本当に星座
を形づくる星が流れ落ちてくるわけではない。また、流れ星を探していると星のよう
な小さな光の点がゆっくりと動いていくことがある。これは、人工衛星で、流れ星と
は別のものである。

第2回正答率 98.6%

A 22 ① しぶんぎ座流星群

ペルセウス座流星群は8月、しし座流星群は11月、ふたご座流星群は12月に流
れる流星群である。流星群は、毎年決まった時期に多くの流れ星が見られる現象
で、ある星座を中心にして放射状に流れるように見えるので、その星座の名前をつ
けて、○○座流星群と呼ぶ。

第8回正答率 34.0%

A 23 ③ しし座 流星群

毎年決まった時期に多くの流れ星が放射状に流れる現象を流星群という。特に、毎年ほぼ安定して多くの流れ星が流れる流星群を三大流星群と呼び、しぶんぎ座流星群（1月4日ごろ）、ペルセウス座流星群（8月13日ごろ）、ふたご座流星群（12月14日ごろ）である。しし座流星群も1833年北米で、「空が火事になるほど」といわれるぐらいに、流れ星が出現したが、毎年たくさん流れるわけではないため、三大流星群の中には入っていない。

第9回正答率 25.7%

A 24 ② カッシーニ：冥王星

宇宙探査機は、太陽系のさまざまな天体を調査している。②の探査機「カッシーニ」は、アメリカ航空宇宙局（NASA）と欧州宇宙機関（ESA）が共同開発した土星探査機である。土星の北極や環、衛星などをくわしく観測した。①のキュリオシティは、探査車として火星表面を走行し、土壌の分析などをおこなった。③の「ロゼッタ」は、チュリュモフ・ゲラシメンコ彗星を観測した。④の「はやぶさ」は、日本の探査機で、小惑星イトカワの微粒子が入ったカプセルを地球に持ち帰ることに成功した。

A 25 ③ 土星

写真はカッシーニが撮影した土星の北極で、六角形構造の渦が見られる。土星の自転周期とほぼ同じ速度で回転しており、画像の右下には第2の小さな渦が見えている。カッシーニはアメリカ航空宇宙局（NASA）と欧州宇宙機関（ESA）が共同開発した土星探査機で、1997年に打ち上げられ、2017年まで土星とその衛星を詳しく観測した。

第8回正答率 68.7%

4章

EXERCISE BOOK FOR ASTRONOMY-SPACE TEST

せいざ せかい
星座の世界

Q1 「夏の星座」など、その季節に見ごろの星座は、何時ごろ外に出ると見つけやすいものを指しているか。

① 正午ごろ
② 午後8時ごろ
③ 夜中の12時ごろ
④ 明け方の4時ごろ

Q2 次のうち、一番明るい星はどれか。

① 6等星　　　　　② 3等星
③ 0等星　　　　　④ ー 3等星

Q3 公式の星座はいくつあるか。

① 84個　　　　　② 86個
③ 88個　　　　　④ 89個

Q4 次の中で、星の説明として正しいものはどれか。

① 1等星は6等星より6倍明るい
② 1等星より ー 1等星のほうが明るい
③ 星はどれも同じ大きさ
④ 青白い星よりも、赤い色の星のほうが温度が高い

Q5 北斗七星は世界各国でさまざまな形に見たてられてきた。次のうち、その呼び名ではないものはどれか。

① ひしゃく
② 馬車
③ 釣り針
④ 皇帝の乗り物

Q6 星の明るさについて、正しい組み合わせはどれか。

① おおいぬ座のシリウス： － 1.5等星
② こと座のベガ： － 4等星
③ 北極星：0等星
④ さそり座のアンタレス： － 1等星

Q7 太陽を直径 1 m の球だとすると、アンタレスはどのくらいの大きさの星か。

① 5 m で、自動車がすっぽり入るくらい
② 50 m で、大きなプールがすっぽり入るくらい
③ 300 m で、東京ドームがすっぽり入るくらい
④ 700 m で、東京スカイツリーがすっぽり入るくらい

② 午後8時ごろ

その季節に見ごろの星座は夜8時〜9時ごろに外に出ると見つけやすいものを指す。そのため、たとえば夏であっても、日がしずんだ直後は西の空に春の星座が見え、真夜中から夜明けまで起きていれば、秋の星座や冬の星座も見ることができる。

第3回正答率83.4%

④ − 3等星

古代天文学者ヒッパルコスは、一番明るい星を1等星、肉眼で見える一番暗い星を6等星とし、1等星は6等星よりも100倍明るいと決めた。その後、さらに細かく決まりができ、平均的な1等星よりも明るい星を0等星、− 1等星……と呼ぶようになった。太陽は − 27等星である。

③ 88個

星座は1922年に、天文学者の集まりである国際天文学連合（ IAU ）の会議で88個とすることが決められた。それまでもたくさんの星座がつくられていたが、同じ場所にちがう星座がつくられたり、何より星座の境界があいまいだったので整理された。北斗七星はこのとき公式の星座として採用されなかった。

第8回正答率85.6%

② 1等星より − 1等星のほうが明るい

星の明るさを表す等級は、数値が小さいほど明るい。 − 1等星は、1等星の6倍以上も明るい。また星はそれぞれ大きさもちがう。青白い星のほうが温度が高い。

82

③ 釣り針

おおぐま座のおしりからしっぽにかけての北斗七星の星のならびは、さまざまな地域で物語として登場する。「釣り針」に見たてる星のならびはさそり座の星々である。このさそり座の見たてかたは日本だけではなく、ハワイやニュージーランドにもある。

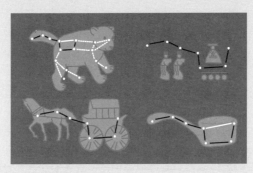

① おおいぬ座のシリウス：－ 1.5等星

①のおおいぬ座のシリウスは、夜空に輝く恒星のなかでもっとも明るい星である。
②こと座のベガは0等星。
③北極星は2等星。
④さそり座のアンタレスは1等星。

第9回正答率64.0%

④ 700 m で、東京スカイツリーがすっぽり入るくらい

太陽系の中では、太陽はとても大きいが、他の星と比べると、ごくありふれた星である。宇宙には太陽よりも大きな星はいくらでもある。デネブは太陽の200倍、アンタレスは700倍、ベテルギウスは900倍以上もある。

第2回正答率61.6%

Q8 次のうち、直径がもっとも大きいものはどれか。

① 地球　　　　　　　　② 木星

③ 太陽　　　　　　　　④ ベテルギウス

Q9 次のうち、もっとも表面の温度が低い星はどれか。

① 青白い星　　　　　　② 黄色い星

③ オレンジ色の星　　　④ 赤い星

Q10 次の4つの天体はどれも赤っぽい色に見えるが、1つだけその理由がちがうものがある。それはどれか。

① アンタレス　　　　　② 火星

③ ベテルギウス　　　　④ アルデバラン

Q11 オリオン座のリゲルは青白い色をしている。この星の表面の温度はどれぐらいか。

① 約3000℃　　　　　② 約5000℃

③ 約8000℃　　　　　④ 約1万2000℃

Q 12
次のうち、春の大曲線の上にない星はどれか。

① ミザール

② アルクトゥルス

③ スピカ

④ デネボラ

Q 13
冬の南の空にオリオン座が見えたのでスケッチをした。次の図のうち、オリオン座の小三ツ星が正しい位置にえがかれているのはどれか。

①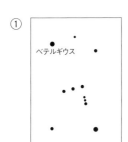

②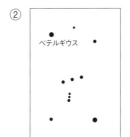

③

④

④ ベテルギウス

大きさは、小さい順に①②③④である。ベテルギウスは赤色超巨星という年老いた星で、直径が太陽の約900倍もある。木星の直径は太陽のおよそ10分の1、地球の直径は太陽のおよそ109分の1にすぎない。

④ 赤い星

星の色は、その温度を表している。赤い星がもっとも温度が低く、3000℃くらいである。そこから、オレンジ、黄色、白、青白となるにしたがって温度が高くなっていく。

② 火星

星座を形づくる星の色のちがいは、その星の温度に関係している。赤っぽい星は、青白い星よりも温度が低い。一方、火星のような惑星は、自ら輝くのではなく、太陽の光を反射している。火星の赤っぽい色は、火星が赤サビの成分をふくむ砂や岩石でおおわれているためだ。

④ 約1万2000℃

星座をつくっている星の色は、その星の表面の温度と関係している。青白い星は温度が一番高く1万℃以上ある。そこから白、黄色、オレンジの順に温度が低くなっていき、赤い星では温度が3000℃ほどとなる。

④ デネボラ

春の大曲線は、北斗七星の柄のカーブをのばし、うしかい座のアルクトゥルス、おとめ座のスピカを通る線。おおぐま座の二重星ミザールは北斗七星の柄にある。しし座のデネボラは、春の大三角をつくる星だが、春の大曲線の上にはない。

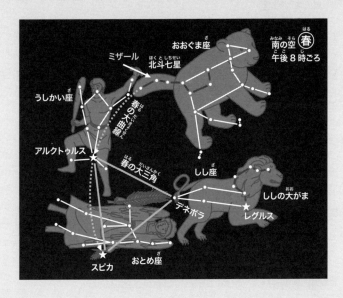

②

オリオン座には星が3つならんだ三ツ星があり、その下には小三ツ星がある。オリオン座はギリシャ神話に登場する狩人オリオンの姿としてえがかれている。三ツ星がオリオンのベルト、小三ツ星はオリオンが腰に下げていた剣の部分にあたる。

第8回正答率59.3%

Q14 色の対比が美しい二重星として有名なアルビレオは何座にあるか。

① さそり座

② こと座

③ わし座

④ はくちょう座

Q15 夏の大三角を形づくる３つの星の組み合わせとして、正しいものはどれか。

① アルクトゥルス、スピカ、デネボラ

② ベガ、デネブ、アルタイル

③ ベガ、アルビレオ、アンタレス

④ ベテルギウス、シリウス、プロキオン

Q16 秋の星座の中で、矢印が指す天体の名前は何か。

① 二重星団

② アンドロメダ銀河

③ 大マゼラン雲

④ オリオン大星雲

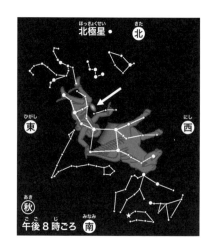

Q17 望遠鏡を使ってオリオン大星雲を見ると、4つの星が見られた。これは何といわれているか。

① デネボラ

② シリウス

③ プレアデス星団

④ トラペジウム

Q18 星がまたたいて見えるのはなぜか。

① 星そのものの明るさが短い時間で変化しているから

② 空気が動いて星の光をあちこちに曲げるから

③ じっと見ているつもりでも、無意識に目がまばたきしているから

④ 実は原因が今でもよくわかっていない

Q19 1等星と星座の組み合わせとして、まちがっているものはどれか。

① スピカ：おとめ座

② アルタイル：はくちょう座

③ フォーマルハウト：みなみのうお座

④ プロキオン：こいぬ座

A 14 ④ はくちょう座

アルビレオは、はくちょうのくちばしの位置にある。2つの星の色は、金色と青色に見えるとして北天の宝石と呼ばれることもある。

第4回正答率 40.2%

A 15 ② ベガ、デネブ、アルタイル

夏の大三角をつくるのは、こと座のベガ、はくちょう座のデネブ、わし座のアルタイルの3つの1等星である。③のアルビレオは、はくちょう座の口ばしのところで輝く星で、色の対比が美しい二重星だ。また、アンタレスは、さそり座の心臓のところで赤く輝く1等星。①は春の大三角を形づくる3つの星、④は冬の大三角を形づくる3つの星である。特徴的な星のならびを手がかりに、季節の星座めぐりを楽しもう。

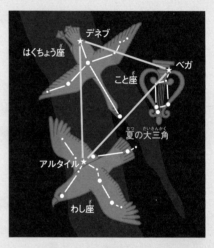

第8回正答率 91.4%

A 16 ② アンドロメダ銀河

アンドロメダ銀河は230万光年離れた数千億個ほどの星の大集団である。アンドロメダ座にあるのでそう呼ばれ、M31ともいう。暗い夜空なら肉眼で見ることができる。大マゼラン雲も肉眼でわかる銀河だが、日本からは見られない。

第4回正答率 71.1%

④ トラペジウム

オリオン大星雲の星がつくられているところにトラペジウムと呼ばれる散開星団がある。このトラペジウムは今から10万年ほど前、オリオン大星雲の中から誕生したばかりの若い星である。通常の望遠鏡では明るい4つの星を見ることができる。デネボラはしし座の星、シリウスはおおいぬ座の星、プレアデス星団はおうし座にある散開星団である。

② 空気が動いて星の光をあちこちに曲げるから

空気は星の光をわずかに曲げるので、空気の密度や温度が変化したり、風が起こったりすると、光の曲がり方が変わって星がまたたいて見える。一方、惑星はまたたきが少ないが、それは像が広がっているので、光が少しずれても明るさがあまり変わらない。なお、真空の宇宙空間では星はピタッと輝きが止まって見える。ちなみに、「またたき」と「まばたき」は混同しやすいが、どちらも漢字で「瞬き」と書く。

第9回正答率89.4%

② アルタイル：はくちょう座

アルタイルは、わし座の1等星である。はくちょう座の1等星は、デネブという。アルタイル、デネブ、こと座の1等星ベガで、夏の大三角を形づくる。スピカは、春の大三角を形づくるおとめ座の1等星。フォーマルハウトは、「秋のひとつ星」とも呼ばれるみなみのうお座の1等星。プロキオンは、冬の大三角を形づくるこいぬ座の1等星。

第9回正答率66.9%

Q 20
冬の大三角にふくまれない星はどれか。

① シリウス

② ポルックス

③ ベテルギウス

④ プロキオン

Q 21
冬の大三角が真南にきたとき、カノープスを探すには、シリウスからどの方向にたどっていくと見つけられるか。

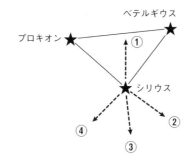

Q 22
おうし座には「すばる」と呼ばれる散開星団がある。おうし座のどの位置にあるか。図は大まかな星の位置を示しており、一部に星座線を書き込んである。

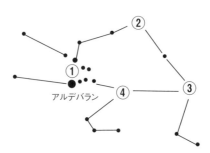

Q 23
次の図の星のならびは、12個ある誕生星座のうちの一つである。なんという星座か。

① かに座
② てんびん座
③ おひつじ座
④ さそり座

Q 24
ギリシャ神話で、ゼウスの妻ヘラによってクマの姿に変えられたとされるのはだれか。

① イオ
② エウロパ
③ ガニュメデス
④ カリスト

Q 25
スパルタ王妃レダと大神ゼウスの間にできた双子の兄弟は、カストルともう一人はどれか。

① ポルックス
② シリウス
③ アルデバラン
④ リゲル

② ポルックス

どれも冬に見られる1等星だが、ポルックスは冬の大三角には入らない。

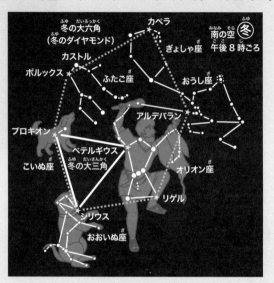

③

おおざっぱな探し方として、カノープスはシリウスから③の方向にたどっていくと見つけられる。ただし、カノープスは南天の星なので、平地では新潟県新潟市から福島県相馬市を結んだ線あたりより北では見ることができない。　第6回正答率70.7%

②

星座でいうと、おうしの背中の部分に青くぽやっとして見える。肉眼でも4〜7個ぐらいの星が集まっているように見え、写真などで撮影してみると100個程度の星が集まっていることがわかる。①のおうしの顔の位置にあるのはヒアデス星団である。

第9回正答率40.0%

④ さそり座

オリオンを毒針でさして、手がらをあげたサソリは星座となり空にのぼった。赤い1等星はアンタレス。語源はアンチ・アレス（火星に対抗するもの）からきている。日本では赤星や酒酔い星などと呼ぶ地域もある。

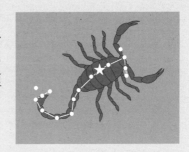

④ カリスト

④のカリストは月と狩りの女神アルテミスにつかえる妖精。①のイオはヘラにつかえる女神官だったが、ゼウスと会っているところをヘラに見つかり、ゼウスがごまかすために牝牛に変えた。②のエウロパはティロスの王女エウロパで、やはりゼウスに見初められ、クレタ島へ連れ去られる。③のガニュメデスはゼウスの小姓をしていた美少年。木星（ゼウス）の衛星は、これらゼウスにゆかりがあった人びとの名がつけられている。

① ポルックス

レダはゼウスの子をみごもり、2つのたまごを産んだ。ひとつのたまごからは双子の男の子が、もうひとつのたまごからは双子の女の子が生まれた。双子の男の子はカストルとポルックスといい、のちにふたご座として天にのぼることになる。

Q 26

夏の星座のこと座の神話で、死んだ妻のためにオルフェウスがとった行動は次のうちどれか。

① よっぱらった女たちに頼んで、死の国へでかけた
② ハデスをたて琴の音色で眠らせたすきに妻を救い出した
③ たて琴を川にすて、ゼウスにひろってもらって妻を救い出した
④ ハデスをたて琴の音色でうっとりさせ、妻を救い出したが、途中でつれもどされた

Q 27

ペルセウスが退治した怪物の名前は何か。

① 大じし
② 化けガニ
③ ヒュドラ
④ メデューサ

Q 28

さそり座にまつわるギリシャ神話の中で、さそりはだれを刺して星座になったとされているか。

① ケイロン
② オリオン
③ ヘルクレス
④ ガニュメデ

Q 29 次の星座のうち、ゼウスが変身した動物に由来するものはどれか。

① おひつじ座

② おうし座

③ しし座

④ やぎ座

Q 30 ギリシャ神話の登場人物で、親子ではないのはどれか。

① アルテミスとアルカス

② アポロンとオルフェウス

③ ゼウスとペルセウス

④ ポセイドンとオリオン

Q 31 狩人オリオンが星座になっても追いかけているといわれている七姉妹の名前はどれか。

① ヒアデス

② プレアデス

③ ヘルメス

④ スピカ

A 26

④ ハデスをたて琴の音色でうっとりさせ、妻を救い出したが、途中でつれもどされた

たて琴の名人オルフェウスの演奏は、死の国の王ハデスの心を動かし、死んだ妻を地上に返すことを許してもらった。しかし、地上に帰るまでは決してふりかえらないという約束をやぶってしまったため、妻は再び死の国に戻され、絶望したオルフェウスは地上でよっぱらった女たちに殺されて川にすてられた。持っていたたて琴は、ゼウスによって星座になった。とても悲しい話だが、神様と人間と星空が結びついているという大昔の考えがお話になっているのがわかる。 第8回正答率66.7%

A 27

④ メデューサ

メデューサは、その姿を見たものは、たちまち石になってしまうという恐ろしい怪物だった。①大じしは、ヘルクレスが命じられた困難な10の冒険のうち、はじめに退治することになった「ネメアのしし」と呼ばれる大きなライオン。②化けガニは、ヘルクレスを嫌っていた女神ヘラによって差し向けられたカニ。ヘルクレスの足を切ろうとしたが、あっさり踏みつぶされてしまった。③ヒュドラは9つの頭をもったヘビの怪物。頭の1つは不死であり、他の8つの頭は首を切られてもまた生えてくるという。いずれもヘルクレスに退治されたあと天にのぼり、それぞれしし座、かに座、うみへび座になった。

A 28

② オリオン

さそり座は狩人オリオンに毒針を突き刺したサソリの星座である。実際の夜空でもオリオン座はまるでさそり座から逃げるかのように、さそり座が東の空からのぼってくるころにオリオン座は西の空へしずんでいく。 第9回正答率72.1%

② おうし座

おうし座は、ゼウスが美しい王女エウロパに近づくために化けた真っ白な牡牛といわれている。油断した王女を背に乗せると、あっという間に地中海をわたりクレタ島へさらって自分の花嫁にしたという。①のおひつじ座は、伝令神ヘルメスがつかわした空飛ぶ金毛の羊。③のしし座は、勇者ヘルクレスが退治したネメアの森の獅子。④のやぎ座は、怪物テュフォンから慌てて逃げようとして、上半身が山羊、下半身が魚の姿に変身してしまった牧神パンの姿である。

第8回正答率66.0%

① アルテミスとアルカス

アルカスは、月の女神アルテミスにつかえる妖精カリストの息子である。ねたみからクマの姿に変えられてしまったカリストは、成長した息子アルカスに出会う。しかし、狩りの才能をもったアルカスは、自分の母と知らずカリストにねらいを定めてしまう。二人の運命をあわれんだゼウスは、この親子を天にあげ、カリストはおおぐま座に、アルカスはこぐま座になった。他の3組は、どれも親子である。星座には、神話の神がみと結びつけられたさまざまな物語が語りつがれている。

② プレアデス

オリオンがあまりにもプレアデスを追いかけ回すので、あわれに思ったゼウスがプレアデスを星にした。それがプレアデス星団（すばる）だ。ヒアデスはおうし座にある散開星団の名前で、ギリシャ神話では、やはり7人姉妹として登場する。ヘルメスはギリシャ神話に登場する伝令の神の名前で、星座ではないが水星の名前のもとになった。スピカはおとめ座の1等星の名前。

5章

星と銀河の世界

Q1 光は1秒に約30万km の速さで進む。光の速さで地球から太陽まで約8分かかるとすると、太陽までの距離は何kmか。

① 約30万km
② 約240万km
③ 約1440万km
④ 約1億4400万km

Q2 宇宙で一番速い光のスピードで、宇宙を旅することにした。太陽から一番近い星、ケンタウルス座のアルファ星まで、どのくらいかかるか。

① およそ4カ月
② およそ4年
③ およそ40年
④ およそ400年

Q3 ケンタウルス座のアルファ星までの距離を、光時で表すとどれだけか。

① 1500光時
② 9000光時
③ 3万5000光時
④ 40億光時

Q4 地球からベテルギウスを見たとする。そのベテルギウスの光は何年前の光を見ていることになるか。

① およそ4.3年前
② およそ11.5年前
③ およそ500年前
④ およそ230万年前

Q5 M13とかM31という記号のMは、何にちなむものか。

① 天体カタログをつくったフランス人の天文学者メシエ（Messier）の頭文字
② MGCカタログのM
③ ESAの宇宙望遠鏡ガイアのデータがマルチ（Multi）であること
④ 天の川の英語ミルキーウェイ（Milky Way）の頭文字

Q6 M13やM42などのメシエカタログ（M）にない天体はどれか。

① 星雲   ② 星団
③ 銀河   ④ 彗星

Q7 天の川の中央に黒く見える部分がある。これについて正しい説明はどれか。

©NAOJ

① 数十億～1兆個以上の恒星の集まりである
② ボールのような数万～数百万個の恒星の集まりである
③ ブラックホールの集まりである
④ 冷たいガスの集まりである

④ 約1億4400万ｋｍ

1秒で約30万ｋｍとすると、1分で約1800万ｋｍ。太陽までは約8分かかるので1億4400万ｋｍとなる。正確には1億4960万ｋｍで、太陽からの光は8分19秒かかって地球に届く。

第3回正答率 58.1%

② およそ4年

光のスピードを光速、光速で1年間に進む距離を1光年という。ケンタウルス座のアルファ星は、太陽から一番近い星だが、距離はおよそ4.3光年離れている。宇宙で一番速い光速で飛んでも、着くまでにはおよそ4年間もかかることになる。夜空に見える他の星は、もっともっと遠いところにある。

③ 3万5000光時

光の速さで1時間かけて進む距離を1光時という。ケンタウルス座のアルファ星までの距離はおよそ4.3光年。これを4光年として計算すると、1光年＝24時間×365日＝8760光時。8760（光時）×4＝3万5040光時と求められる。つまり、光速で3万5040時間かかる距離ということだ。計算をしなくても、1光年＝約9000光時と、だいたい覚えておけば③が一番近い数字だとわかる。

③ およそ500年前

光の速さで1年かけて進む距離を1光年という。約500光年の距離にあるベテルギウスの光が地球に届くまでにおよそ500年かかる。①はケンタウルス座のアルファ星、②はプロキオン、④はアンドロメダ銀河の場合だ。

① 天体カタログをつくったフランス人の天文学者メシエ（Messier）の頭文字

メシエの1番、メシエの31番という代わりに、M1、M31と省略され広まった。なお M1～M110まであるが、シャルル・メシエ自身が観測したのは104番までであり、105番以降と一部の天体は、メシエの弟子のピエール・メシェン他が観測し、メシエが亡くなったあとにつけ加えられている。なお、②のMGCカタログはまちがいで NGCカタログが正しい。

④ 彗星

メシエカタログのMは、フランスの天文学者シャルル・メシエの頭文字で、メシエがつくったカタログにのっている1から110番までのどれかの天体であることを表す。メシエは、彗星捜索の過程で、彗星とまぎらわしい広がりのある天体をカタログにした。有名な星雲、星団、銀河などが含まれるが、彗星そのものは含まれない。

第9回正答率 83.0%

④ 冷たいガスの集まりである

黒く見える部分は暗黒星雲で冷たいガスの集まりである。「数十億～1兆個以上の恒星の集まり」は銀河である。天の川も銀河のひとつで、数千億の恒星の集まりだが、恒星は光っているので黒い部分ではない。「数万～数百万個の恒星の集まり」は球状星団である。ブラックホールはこの写真どころか普通の望遠鏡を使って見えるものではない。2019年4月にイベント・ホライズン・テレスコープという世界中の電波望遠鏡をつなぎ合わせて地球サイズの望遠鏡とした観測で、巨大ブラックホールによる影の撮影に成功し、ブラックホールの存在が画像によって初めて証明できたと発表があった。

第9回正答率 63.0%

Q 8 星雲や銀河の写真を見るとカラフルだが、実際に小型の望遠鏡で見ると、白っぽくしか見えない。その理由は何か。

① 写真の色は人工的につけたもので、実際は全て白いから
② 大気によって色が吸収されるから
③ 人間の目には、明るすぎて色がわからなくなるから
④ 人間の目は、暗い光を何でも白っぽく感じるから

Q 9 プレアデス星団の説明として、まちがっているものはどれか。

① 日本ではすばると呼ばれている
② おうし座にある
③ 160光年の距離にある
④ 肉眼でも見つけられる

Q 10 光の速さで飛行できる宇宙船が発明されて、宇宙旅行を計画したとする。次のツアーの中で一番長く旅行することになるのはどのコースか。ただし、出発地は地球とする。

① ベテルギウスまで片道旅行
② シリウスまで往復旅行
③ リゲルまで片道旅行
④ 大マゼラン雲まで往復旅行

Q 11

オリオン大星雲の説明として、まちがっているものはどれか。

① 都会から離れた場所では、肉眼でも見える
② 写真に撮ると赤からピンク色に写る
③ 水素のガスが星の光を受けて光っている
④ 星が死んでいくときに、ガスをまわりにはき出したものである

Q 12

こと座には M57 という環状星雲がある。次の図のうち、M57 の位置を正しく示しているものはどれか。

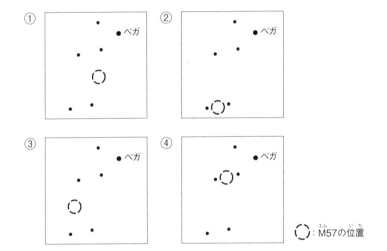

Q 13

こと座の環状星雲 M57 について、正しいものはどれか。

① 星が生まれているところ
② 大昔に星が大爆発をして死んでしまったところ
③ 星が死につつあり、ガスをはき出しているところ
④ 2000億個の星やガスなどが集まっているところ

④ 人間の目は、暗い光を何でも白っぽく感じるから

天体の色はカラフルだ。ただ明るい星以外は、人間の目ではわからない。これは、人間の目が暗い光を何でも白っぽく感じてしまうからだ。逆に明るいものも白っぽく感じるが、太陽以外の天体は、暗いために白っぽく見えている。双眼鏡や望遠鏡で見ると、光を集めるので、色がわかる天体が増える。しかし、星雲や銀河のように淡い天体だとやはり白っぽいままだ。写真は、わずかな色のちがいも光を蓄積することで記録できる。また、コンピュータや写真印刷技術を使って強調することも可能だ。多くの天体写真はそうした工夫をしている。また、中には、色を人工的につける場合もあるが全て白いわけではない。

③ 160光年の距離にある

プレアデス星団はおうし座にあり、日本では古くから、すばると呼ばれている。たくさんの星が散らばっていて、写真で見ると青白く輝き、ガスがまとわりついているのがわかる。肉眼でも見つけられる。およそ400光年の距離にある。すばるのような星の集まりは、散開星団という。160光年は、プレアデス星団と同じおうし座にあるヒアデス星団の距離。ヒアデス星団は、太陽系から一番近くにある星団である。

④ 大マゼラン雲まで往復旅行

ベテルギウスまでは約500光年、シリウスまで往復すると8.6光年×2で17.2光年、リゲルまでは約700光年、大マゼラン雲までは16万光年×2で32万光年。4つのツアー計画のうち、銀河系を飛び出す大マゼラン雲までのプランがもっとも遠くまで出かける旅行だ。

④ 星が死んでいくときに、ガスをまわりにはき出したものである

星雲とは宇宙でガスが広がっている場所である。オリオン大星雲では、そのガスやチリが集まって星が生まれている。オリオン大星雲とは別の種類の星雲として、星が死んでいくときにできるものもある。こと座の環状星雲は、そのような星雲のひとつだ。

第8回正答率37.8%

 ②

こと座の環状星雲M57は、肉眼や双眼鏡では観察しにくい。望遠鏡を使うと惑星状星雲の構造（穴が空いているような姿）を確認することができる。

第8回正答率16.3%

● ベガ

 ③ 星が死につつあり、ガスをはき出しているところ

①はオリオン大星雲のような天体の説明。②は超新星爆発のざんがいで、おうし座にあるM1かに星雲が有名だ。環状星雲は中心に死につつある星が残っており、それが星雲を照らしていて、大爆発はしていない。④は天の川の説明。

Q 14 おうし座のすばるは星がたくさん集まってできている。望遠鏡など
の観測で何個ぐらいの星が集まっているといわれているか。

① 約7個
② 約10個
③ 数百個
④ 数十万個

Q 15 次の説明の中で、正しいものはどれか。

① オリオン座の大星雲は、ガスでできているものである
② こと座の環状星雲の中心には生まれたばかりの星がある
③ おうし座のすばるは、星がボール状に集まっている球状星団である
④ 天の川は、ぼんやりと見えているので、散開星団である

Q 16 地球の一番近くにある星団は、次のうちどれか。

① プレアデス星団
② ヒアデス星団
③ オメガ星団
④ M13

次の①から④のうち、写真と天体名の組み合わせがまちがっているも

のはどれか。

① オリオン大星雲

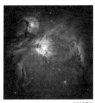

©NASA

② プレアデス星団（すばる）

©NASA

③ 銀河系（天の川銀河）

©NASA

④ M51（子持ち銀河）

©NASA

5章

星と銀河の世界

Q
18

天の川の正体は何か。

① 彗星の通ったあと

② 小惑星の集まり

③ 銀河系を内側から見たもの

④ 街の明かりが大気で反射されたもの

③ 数百個

すばるはプレアデス星団の別名で、すばるを肉眼で観察すると4〜7個の星の集まりであることが確認できる。双眼鏡を使うとさらにたくさんの星が集まっていることがわかる。望遠鏡ならば数100個〜1000個もの星がある散開星団であることがわかる。

第8回正答率37.6%

① オリオン座の大星雲は、ガスでできているものである

星雲とは、ガスが集まっているものをいう。オリオン座の大星雲は、肉眼でも見えるので、挑戦してみよう。こと座の環状星雲の中心の星は死にゆく星である。すばるは、プレアデス星団ともいい、バラバラと星の集まった散開星団である。天の川は、ぼんやりと見えているが、私たちの銀河系（天の川銀河）そのものである。

第7回正答率75.6%

② ヒアデス星団

①②は散開星団、③④は球状星団である。ヒアデス星団までの距離はおよそ160光年で、地球からもっとも近いところにある星団だ。おうし座の1等星アルデバランのあたりにVの字型にならんでいるのが特徴だ。ただ、アルデバランは70光年くらいの距離にあり、星団のメンバーではなく、ぐうぜんその方向に見えている。①のプレアデス星団（すばる）は、およそ400光年、③のオメガ星団はおよそ1万7000光年、④のM13はおよそ2万5000光年離れている。

112

③ 銀河系（天の川銀河）

③は、アンドロメダ銀河の写真。私たちの銀河系（天の川銀河）と似たうずまき型をしている。夜空には、さまざまな天体の姿を見ることができる。しかし、私たちは銀河系の中に住んでいるので、銀河系を外から見た姿は写真に収めることができない。

③ 銀河系を内側から見たもの

夜空に見られる天の川は、銀河系（天の川銀河）を内側から見たものである。そのため、夜空を帯状に取り巻いているように見える。天の川の光は弱いので、夜間照明など人工の光が過剰にあふれる「光害」のせいで、日本人の7割が天の川を見ることができずに暮らしているといわれている。みなさんは見たことがあるだろうか。ちなみに、大阪には天野川という川があり、流域には七夕伝説に関わる地名や史跡などが多く残っている。

第9回正答率 83.5%

Q 19
地球から見て、銀河系（天の川銀河）の中心は何座の方向にあるか。

① いて座
② はくちょう座
③ おとめ座
④ オリオン座

Q 20
オリオン座付近にある冬の天の川は、夏の天の川に比べてあまり目立たない。その理由として正しいものはどれか。

① 冬は寒いから
② 夏の天の川に比べ暗黒星雲が多いから
③ 冷たい星ばかりでつくられているから
④ 銀河系の外側の方向を見ているから

Q 21
アンドロメダ銀河、大マゼラン雲、小マゼラン雲のうち肉眼で見える銀河はいくつあるか。

① 0
② 1つ
③ 2つ
④ 3つ

Q 22 次の中で、地球からもっとも遠い天体はどれか。

① おとめ座M87（だ円銀河）
② 大マゼラン雲
③ アンドロメダ銀河
④ オリオン大星雲

Q 23 写真の銀河は何と呼ばれているか。

©NASA, ESA, S. Beckwith (STScI),and The Hubble Heritage Team (STScI/AURA)

① 大マゼラン雲と小マゼラン雲
② 子持ち銀河
③ ソンブレロ銀河
④ おたまじゃくし銀河

19 ① いて座

天の川をたどって見ていくと、いて座のあたりでもっとも濃く見える。このいて座の方向に銀河系の中心がある。銀河系の中心には、ここでしか見られない天体が見つかっている。「いて座Ａ」という強い電波を出す天体がそのひとつである。

20 ④ 銀河系の外側の方向を見ているから

地球は銀河系の端の方にあり、そこから銀河系の中心方向を見たものが夏の天の川である。たくさんの星があり天の川が明るく見える。また、その中には黒い帯のような暗黒星雲も目立つ。反対の冬の天の川は銀河系の外側を見ていることになり、比較的星の数が少なく、あまり明るく見えない。なお、天の川をつくっているのは、太陽のような恒星で、いずれも熱く光り輝いている。 第8回正答率69.9%

21 ④ 3つ

銀河は、数十億～1兆個以上の恒星が集まった星の大集団である。そのような巨大な天体の銀河が、宇宙には何千億個あることがわかっている。そのほとんどが、望遠鏡でも見えないほどの遠くにある。しかし、アンドロメダ銀河、大マゼラン雲、小マゼラン雲の3つは肉眼でも見ることができる銀河である。アンドロメダ銀河は日本からでも見られるが、大マゼラン雲と小マゼラン雲は天の南極の近くにあって、日本からは見られない。ちなみに、40億年後にアンドロメダ銀河と銀河系（私たちの銀河、天の川銀河）は衝突すると予想されている。 第9回正答率33.1%

① おとめ座M87（だ円銀河）

オリオン大星雲は天の川銀河の中に位置しており、1600光年の距離にある。大マゼラン雲は、約16万光年、アンドロメダ銀河は約230万光年、おとめ座のだ円銀河M87は約5900万光年の距離に位置している天体である。大マゼラン雲とあるが、たくさんの星の集まりで、天の川銀河以外の銀河である。　第8回正答率 41.1%

② 子持ち銀河

写真は、M51（NGC 5194）とその伴銀河NGC 5195である。大小の銀河がつながって見えることから2つ合わせて子持ち銀河と呼ばれる。この2つの銀河は、見た目だけでなく実際につながっている。子持ち銀河は、明るい銀河で比較的観測しやすく、その美しさからアマチュア天文家にも人気が高い。ちなみに、大マゼラン雲、小マゼラン雲、ソンブレロ銀河（おとめ座にある銀河。M104。つばの広いメキシコの伝統的な男性用の帽子に形が似ていることからその名がついた。）、おたまじゃくし銀河（りゅう座の銀河。明るく青い星団でできた尾をもつのが特徴である。）は、いずれも実在する。　第9回正答率 74.8%

117

6章

EXERCISE BOOK FOR ASTRONOMY-SPACE TEST

<ruby>天体観測入門<rt>てんたいかんそくにゅうもん</rt></ruby>

Q1 人類が宇宙へ望遠鏡を向け始めてから、およそ何年ぐらいたっているか。

① 50年ぐらい
② 100年ぐらい
③ 400年ぐらい
④ 1000年ぐらい

Q2 星を観察するとき、明るい場所からいきなり夜空を見ても星が見つからない場合がある。夜空に目を慣らすには、少なくともどれぐらい時間が必要か。

① 10秒
② 10～15分
③ 50分～1時間
④ 2～3時間

Q3 星座早見ばんにえがかれていないものはどれか。

① 日付
② 方角
③ 1等星
④ 惑星

Q4 南半球で使う星座早見ばんを手に入れた。普段日本で使うものと方位がちがってえがかれていた。南半球で使う星座早見ばんについて、正しい東西南北の組み合わせはどれか。

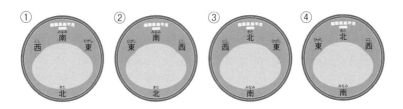

Q5 星座早見ばんを使うときに、必ずしなくてはいけないことはどれか。

① 日付と時刻を合わせる
② 方角を記入する
③ 平らな場所におく
④ 月の位置を記入する

Q6 次のうち、もっとも星の観察に適していない場所はどこか。

① 山や海など街灯りが少ないところ
② ビルや店が立ちならぶ街中
③ 高い建物が少ない、視界がひらけたところ
④ よく晴れるところ

③ 400年ぐらい

数多くの天文台が設立され、さまざまな方法で宇宙の観測がなされている現代だが、人類が宇宙へ望遠鏡を向け始めてから、まだたった400年しかたっていない。およそ400年前に人類で最初に望遠鏡を天体へ向けたガリレオ・ガリレイは、月の表面ででこぼこしていることや、木星の大きな4つの衛星（ガリレオ衛星）を発見した。

② 10〜15分

明るいところから急に暗いところに行くと、まわりがすぐにはよく見えず、しだいに見えるようになる。これを暗順応という。星空を見る場合、暗順応のための時間は少なくとも10〜15分必要。せっかく暗闇に慣れても、明るいライトなどを見ると、目が元に戻ってしまうので気をつけよう。

④ 惑星

星座早見ばんは、カレンダーのように日付が書いてある部分と、時計のように時刻が書いてある部分を合わせ、さらに、実際の方角と合うように空にかざして使用する。もちろん1等星はえがかれているが、惑星の位置はえがかれていない。惑星は星座の星たちとはちがい、日々、年々その位置を変えていくからだ。

①

通常、日本（北半球）で使う星座早見ばんは④である。北半球では天の北極（北極星あたり）を中心に星空が動いていくように見えるが、南半球では天の南極を中心に星空が動いていくように見える。したがって、星座早見ばんの中心（ここが天の南極となる）は南の地平線寄りとなり、北の地平線が長くえがかれた窓となる。星座早見ばんは見上げて使うので、見下ろして使う地図とちがって東西が逆になっているので気をつけよう。　　　　　　　　第8回正答率29.7%

 ① 日付と時刻を合わせる

星座早見ばんを正しく使うには、カレンダーのように日付が書いてある部分と、時計のように時刻が書いてある部分を合わせる必要がある。方角はもともと書かれているので、実際の方角と合うように空にかざして使用する。　　　第2回正答率95.8%

 ② ビルや店が立ちならぶ街中

星の観察には、まわりが暗いこと、空が広く視界が広いこと、そしてよく晴れることが大事な条件。ただし、安全には十分注意して、大人と一緒に観察すること。
　　　　　　　　　　　　　　　　　　　　　　　　第2回正答率95.8%

6章

天体観測入門

123

Q7 星座早見ばんで、□に入る文字はどれか。

① 東
② 西
③ 北
④ 北東

Q8 星座早見ばんを忘れてしまった。そんなとき、かわりに星座を探すのに役に立つ道具は何か。

① スマートフォン
② 防犯ブザー
③ かい中電灯
④ 方位磁石

Q9 星空観察でやったほうがよいことは何か。

① 明るい街灯のある場所を選ぶ
② かいちゅう電灯に青いセロファンを貼る
③ 目が暗さに慣れるまで1時間はぼーっと夜空をながめる
④ インターネットや新聞で事前に天気や月齢を調べる

Q 10

流れ星を観察したいときの工夫として、まちがっているのはどれか。

① 15分以上は観察を続ける
② 星がよく見える暗いところで観察する
③ あお向けに寝て観察する
④ 望遠鏡で詳しく観察する

Q 11

星空観察の7つ道具とは直接関係のないものはどれか。

①コンパス（方位磁針）

②定規

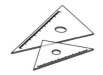

③かいちゅう電灯

④時計

A7 ② 西

星座早見ばんには、星のことが書いてあるので、空にかざしてみよう。通常の星座早見ばんでは南が下になっているので、南を向いて星座早見ばんを空にかざすと、右が西、左が東、後ろが北となる。見下ろして使う地図とは東西の位置が逆になるので注意が必要だ。星座をさがすときに、星座早見ばんはとても便利なもの。ぜひとも使いかたをマスターしよう。

第9回正答率 63.0%

A8 ① スマートフォン

みんな役にたつ道具だが、星座早見ばんのかわりになるのはスマートフォン（スマホ）だ。アプリで星座早見ばんがあり、それを使うのだ。なかには、向いた方向の星座が自動的に表示されるものもある。また、月や惑星など星座早見ばんには表示されないものも調べられる。ただ画面がまぶしく、星を見るときに、じゃまになることもあるので、明るさをしぼるなど使うときは工夫がいる。

A9 ④ インターネットや新聞で事前に天気や月齢を調べる

天体観察は楽しくするのが一番だ。そのために事前に天気や月齢を調べるなど準備をしておこう。星を見るときには、街灯りのない、できるだけまわりが開けた場所へ行くのがよい。目にやさしい赤いセロファンで光を弱めたかいちゅう電灯や、楽な姿勢で観察するため、寝ころがれるレジャーシートなどもそろえておこう。10〜15分程度、夜空をぼーっと眺めていると人間の目は暗闇になれてくる。ただ、自分の楽しみのために他人に迷惑をかけてはいけない。騒いだり、危険なところや人の家や畑に入ったり、ゴミを散らかしたりしないようにしよう。

第8回正答率 82.3%

④ 望遠鏡で詳しく観察する

流れ星は空のどこに流れるかわからないため、望遠鏡での観察は向かない。あお向けに寝て広い範囲を見るとよい。また流星群の時期に観察すると、流れ星を観察できる可能性が高くなる。

 ② 定規

①、③、④は、どれも星空観察に便利なもので、7つ道具のひとつに数えられる。お目当ての星を探すとき、目安となるものさしがあると助かるが、ノートの線引きに使うような定規は、そのままでは使えないので「7つ道具」には入れない。

第3回正答率 92.5%

Q 12 惑星とその惑星が見えた時刻の組み合わせのうち、まちがっているものはどれか。

① 水星－午前1時
② 金星－午後6時
③ 火星－午後8時
④ 木星－午前3時

Q 13 一般的に双眼鏡を使うときのコツとして、特に必要のないのはどれか。

① 両目にはばを合わせる
② しっかりと固定する
③ ピントを合わせる
④ 北極星に向きを合わせる

Q 14 ある星座のはば（角度）を、うでをいっぱいにのばして、手を使ってはかってみたところ、10°であることがわかった。このときの手の形はどれか。

①

②
③

④

Q 15

秋の四辺形の下辺のはば（角度）を、うでをいっぱいにのばして、指ではかってみた。片手の親指とひとさし指をのばした長さは、およそ何°になるか。

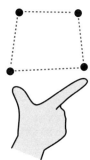

① 5°
② 10°
③ 15°
④ 20°

Q 16

ある星の地平線からの角度を手で測ってみた。地平線から測ると、うでいっぱいにのばして、にぎりこぶし3個のところにあった。この星の高度はだいたい何度のところにあるか。

① 約15°
② 約30°
③ 約60°
④ 約90°

① 水星－午前1時

水星と金星は地球の内側を公転しているので、夕方の西の空か明け方の東の空でしか見ることができない。火星や木星のように地球の外側を公転している惑星は、夕方や明け方に限らず真夜中でも見ることができる。 第8回正答率57.2%

④ 北極星に向きを合わせる

双眼鏡を使うコツとして①〜③がある。一般的に、双眼鏡では北極星に向きを合わせる必要はない。

①

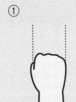

天頂

90°

にぎりこぶしが10°と覚えておくと便利である。まっすぐにうでをつき出してグーを重ねていくと、水平線からだいたい9個で頭の真上（天頂）にくる。 第6回正答率82.1%

③ 15°

指1本分は1°、こぶしひとつ分は10°、親指とひとさし指をいっぱいのばすと15°、親指と小指をいっぱいのばすと20°…とおおよその角度を手ではかることができる。

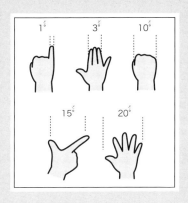

 ② 約30°

にぎりこぶしをつくり、そのままうでをいっぱいにのばしたとき、にぎりこぶしのたての長さにあたる角度が約10°である。にぎりこぶし3個ということは約30°ということになる。地平線からにぎりこぶし9個分で約90°、つまり天頂ということになる。

第9回正答率 82.0%

6章

天体観測入門

Q 17

双眼鏡は星の観察に便利な道具である。双眼鏡を使っての星の観察について正しいものはどれか。

① 気軽に使えるが、ひじをついたり三脚に固定したりするとより見やすくなる

② 星を見るときにはファインダーを使っておおまかに天体にねらいを定める

③ ピントは目が合わせてくれるので、すぐ星に向けて見ることができる

④ 必ず片目で見るとよい

Q 18

次のうち、双眼鏡で観察するのに向いていないものはどれか。

① 月

② 木星の衛星

③ 土星の環

④ オリオン大星雲

Q 19

口径10 c m の小型天体望遠鏡で天体観測をするのにちょうどよい倍率は次のうちどれか。

① 5000倍

② 100倍

③ 1000倍

④ 2万倍

Q 20

次の望遠鏡の写真で、矢印が指している部品を何というか。

① 主鏡

② ファインダー

③ 架台

④ 微動ハンドル

写真提供：(株) ビクセン

Q 21

これは何と呼ばれる望遠鏡か。

① 双眼鏡

② 屈折望遠鏡

③ 反射望遠鏡

④ フィールドスコープ

写真提供：(株) ビクセン

Q 22

次のうち肉眼では<u>見ることができない</u>惑星はどれか。

① 水星

② 火星

③ 土星

④ 海王星

① 気軽に使えるが、ひじをついたり三脚に固定したりするとより見やすくなる

双眼鏡はしっかり固定することでずっと見やすくなる。片目でも使えるが、たいていは両目で見たほうが見やすい。

第 4 回正答率 66.5%

両ひじをつくだけでずいぶん安定する

三脚があると友だちどうしで見るときに便利

③ 土星の環

双眼鏡は、月や惑星、星雲・星団などの観察に役に立つ。双眼鏡を木星に向けると、木星のまわりを回る衛星も見ることができる。一方、木星本体の縞模様や土星の環を見るには、双眼鏡では難しく、より倍率の高い望遠鏡が必要になる。

第 6 回正答率 25.9%

② 100倍

対物レンズの口径のセンチ数の10倍くらいが、ちょうど良いくらいとされているので、10（ｃｍ）×10＝100倍が観察にふさわしい倍率といえる。

② ファインダー

ファインダーは、望遠鏡で天体をとらえるとき、おおまかにねらいをつけるのに便利だ。明るいうちに、望遠鏡を地上の遠くの目標物に向け、ファインダーの調節ネジで目標物が真ん中に見えるようにしておこう。星を見るときは、ファインダーをのぞきながら、微動ハンドルやリモコンで目的の天体にねらいをつけて、望遠鏡をのぞく。練習をして、望遠鏡を使いこなそう。

第9回正答率 48.9%

③ 反射望遠鏡

鏡を使って星の光を集める望遠鏡を反射望遠鏡という。筒の後ろ側に入っている主鏡（凹面鏡）で光を集め、それを筒の入り口近くにある副鏡でもう一度反射させ、のぞく場所（接眼レンズ）に光を送る。写真は、副鏡で横に光を送るタイプだ。主鏡の側に折り返すタイプもある。

第3回正答率 63.1%

④ 海王星

水星、金星、火星、木星、土星の5惑星は望遠鏡を使わずに肉眼でも見ることができる。水星は太陽の近くを公転しているので、夕方西の空低いところか、明け方東の空低いところにしか見られずとても見つけにくいが、日時を選べば肉眼でも見ることができる。金星は水星と同じく、夕方西の空か明け方東の空にしか見られないが、水星よりは高いところで見ることができることと、とても明るいことから、簡単に見ることができる。火星・木星・土星は夕方、明け方に限らず真夜中でも見られる。どの惑星も他の星より明るいので見つけやすい。天王星は6等星のため、とても条件のよい場所なら肉眼でも見える明るさだが、他の星と区別することは難しい。海王星は8等星で、望遠鏡を使わないと見ることができない明るさ。

Q 23

望遠鏡の倍率と口径（レンズや鏡の直径）について正しい説明はどれか。

① 倍率の数字が小さいほど、物体を拡大して見られる
② 口径が小さいと、星が明るく見える
③ 望遠鏡の性能は倍率だけで決まる
④ 一般に口径が大きいと、倍率をあげてもはっきり見える

Q 24

小型望遠鏡で見ても環が見える惑星はどれか。

① 土星
② 木星
③ 金星
④ 火星

Q 25

双眼鏡に「7 × 50」と表示があった。この説明として、正しいものはどれか。

① レンズの大きさが 7 cm で、倍率が 50 倍
② レンズの大きさが 7 mm で、倍率が 50 倍
③ 倍率が 7 倍で、レンズの大きさが 50 mm
④ 倍率が 7 倍〜 50 倍に、調節できる

Q 26
双眼鏡で惑星を観察したところ、写真のように見えた。何という天体か。

① 水星
② 木星
③ 土星
④ 天王星

Q 27
土星の環（リング）を見るには、どんな道具が必要か。

① 道具はなくても肉眼で見える
② 倍率7〜10倍の双眼鏡
③ 口径5ｃｍ程度の望遠鏡
④ 投影板

Q 28
太陽の観察方法を<u>まちがって</u>説明しているのは、次のうちどれか。

① 一瞬であっても肉眼で太陽を観察してはいけない
② 黒い下敷きやフィルムなどで太陽からの光を減らして観察する
③ 望遠鏡で拡大して観察するときには、太陽の像を投影板に映し出して観察する
④ 危険が伴うため、必ず大人と一緒に観察をおこなう

A 23 ④ 一般に口径が大きいと、倍率をあげてもはっきり見える

望遠鏡の性能は口径が大きく左右する。口径が大きいほうがたくさんの光を集めることができ、倍率をあげても明るく、くっきり見ることができる。

第4回正答率 67.8%

A 24 ① 土星

だれもが知っている環をもつ土星。環は数cmから数mの大きさの氷のつぶが集まってできている。小型望遠鏡でも環があるようすや、環の間に見える黒い部分（カッシーニのすき間）なども観察できる。他にも木星と天王星、海王星に環があるが、とても淡く暗いため小型望遠鏡で地上から見ることはできない。

A 25 ③ 倍率が7倍で、レンズの大きさが50mm

双眼鏡の表示には、口径（レンズの大きさ）と倍率が記載されている。「7×50」と記載されている双眼鏡は、7倍で口径が50mmである。 第8回正答率 35.4%

② 木星

双眼鏡を使うと、惑星や月、星団（すばるなど）、星雲などを見ることができる。写真では、中央の惑星の両わきに、ガリレオ衛星と呼ばれる4つの衛星が一列にならんでいるようすがわかる。これは木星だ。ガリレオ衛星は、木星のまわりを1日から数日で一回りしているので、2、3時間おき、または次の日に見てみると、衛星の位置が動いていることがわかる。

第9回正答率84.7%

③ 口径5ｃｍ程度の望遠鏡

土星の環（リング）は、口径5ｃｍ程度の望遠鏡で、倍率を30倍程度にすると見えてくる。口径はもう少し小さめの4ｃｍ程度でも見られるが、倍率が7～10倍ではリングはわからない。もちろん、肉眼ではわからない。そのため、望遠鏡が発明された400年前よりさらに昔は、土星にリングがあると知っている人はいなかった。なお、30倍程度の倍率では、手持ちで土星に望遠鏡を向けるのは無理で、しっかりとした三脚と架台を使う必要がある。投影板は太陽を観察するときに使うもので、太陽くらい明るい天体でないと使えない。

第9回正答率67.4%

② 黒い下敷きやフィルムなどで太陽からの光を減らして観察する

太陽はとても強い光を出しているため、肉眼で見ると目を痛めてしまう。たとえ一瞬でも肉眼で見てはいけない。黒い下敷きやフィルム、サングラスを使って観察するのも危険である。太陽観察には必ず専用の太陽メガネ（日食グラス）を使おう。望遠鏡で観察するときには、投影板や特殊なフィルターを使う。いずれにしても、これらの観測は大人といっしょにおこなおう。専門知識をもった人（科学館や天文台の学芸員など）と一緒ならなおよい。

天文宇宙検定　公式問題集
4級 星博士ジュニア　2020〜2021年版

天文宇宙検定委員会　編

2020年7月20日　初版1刷発行

発行者　　　片岡　一成
印刷・製本　株式会社ディグ
発行所　　　株式会社恒星社厚生閣
　　　　　　〒160-0008
　　　　　　東京都新宿区四谷三栄町3番14号
　　　　　　TEL　03 (3359) 7371 (代)
　　　　　　FAX　03 (3359) 7375
　　　　　　http://www.kouseisha.com/
　　　　　　http://www.astro-test.org/

ISBN978-4-7699-1652-9 C1044

(定価はカバーに表示)